Animal Series

LEOPARD

Desmond Morris

动物不简单
第 1 辑

乞力马扎罗的
豹　子

[英] 德斯蒙德 · 莫里斯　著
李松逸　译

中信出版集团 | 北京

图书在版编目（CIP）数据

乞力马扎罗的豹子 / (英) 德斯蒙德 · 莫里斯著；
李松逸译 . -- 北京 : 中信出版社 , 2019.5
（动物不简单 . 第 1 辑）
书名原文 : Leopard
ISBN 978-7-5086-9768-0

Ⅰ . ①乞… Ⅱ . ①德… ②李… Ⅲ . ①豹－儿童读物
Ⅳ . ① Q959.838-49

中国版本图书馆 CIP 数据核字 (2018) 第 267062 号

乞力马扎罗的豹子

著　　者：[英] 德斯蒙德 · 莫里斯
译　　者：李松逸
出版发行：中信出版集团股份有限公司
　　　　（北京市朝阳区惠新东街甲 4 号富盛大厦 2 座　邮编　100029）
承 印 者：河北彩和坊印刷有限公司

开　　本：880mm×1230mm　1/32　　印　　张：6　　字　　数：95 千字
版　　次：2019 年 5 月第 1 版　　印　　次：2019 年 5 月第 1 次印刷
京权图字：01-2018-7847　　广告经营许可证：京朝工商广字第 8087 号
书　　号：ISBN 978–7–5086–9768–0
定　　价：198.00 元（套装 5 册）

服务热线：400-600-8099
投稿邮箱：author@citicpub.com

目录

前　言

豹子是典型的猫科动物。跟它相比，狮子和老虎显得大而无当，其他猫科动物则显得微不足道。唯一的例外是美洲豹，恕笔者偏心，在我看来，它是豹子在南美洲的翻版，是与之平行进化的产物。

狮群在开阔处捕猎，共同分享猎物；豹子却是独行客，行踪诡秘，自私自利。它以伏击而非追击的方式捕杀猎物，然后把战利品拖到高高的树上，在这里独自进餐。在野外，豹子就像莎士比亚笔下的龙一样，尽管没有人亲睹其形，却令人谈之色变*——它是一种邪恶而致命的存在，潜伏在矮树丛中，其他动物却浑然不觉。如果运气够好，你或许偶尔会瞥见它健壮的身躯，慵懒而高傲地趴在舒适的树枝上，在正午的热浪中兀自休憩。

豹子是猫科动物中最纯粹的杀戮机器，因此数世纪以来备受人类敬畏。田野博物学家乔纳森·斯科特（Jonathan Scott）是全球最了解非洲大猫的人，他直截了当地把豹子称为“完美的捕猎者”。

早年间，当人类更有可能通过猎人的猎枪而非博物学家的双筒望远镜窥视豹子时，它们的名声与现在略有不同。因为它们极其隐秘，擅长在矮树丛中隐而不露，豹子让那些被称为大型动物猎手的“运动绅士”沮丧不已。在20世纪初，

* 语出莎士比亚戏剧《科利奥兰纳斯》，剧中科利奥兰纳斯称自己就像一条“独龙”，身在沼泽中，虽然人们看不见它，但说起它来就会让人感到恐惧。——译者注（后同）

据说一位布拉西福德上校曾声称:“老虎是绅士，但豹子是无赖。”

由于豹子行踪诡秘，因此在野外一睹其真容令人终生难忘。我自己就在肯尼亚遇到了这一宝贵时刻。当时我刚结束一次漫长的影片拍摄之旅，在返回内罗毕的途中，我的司机突然说道:“豹子。”我大声让他停车，然后从敞开的车顶探出头去。瞧啊，就在路边的一棵树上，一只成年豹子满不在乎地顺着一根树枝趴着，四条腿懒洋洋地耷拉在树枝两侧。在同伴提醒我说我们必须抓紧时间赶飞机时，我赶紧拍了一张照片。那是一次坦塔罗斯式令人可望而不可即的短暂邂逅*，但却给我留下难以磨灭的记忆，激发了我对这一物种的独特兴趣，也成为我撰写本书的缘由。

* 坦塔罗斯是古希腊神话里的一个人物，为了考验诸神是否真的无所不知，他杀掉自己的儿子并烹煮其肉，然后邀请诸神赴宴，结果因此被罚入冥界，站在齐颈深的水中，头上是硕果累累的果树。然而每当他口渴低头喝水时，水就流走；每当他饥饿想吃水果时，却无论怎样都摘不到水果。于是人们就用他比喻这种欲求得不到满足的痛苦。

本书作者在肯尼亚第一次看见野生豹子，当时它正趴在一根树枝上休息。

豹子是一种复杂而聪慧的动物，一些富于戏剧性的事件证明它会怀恨在心，在遭到虐待后有寻求报复的倾向。最近发生在肯尼亚的一件事，堪称这方面最令人瞠目结舌的例子之一。在那里，有一只雌豹总喜欢捕杀家养的牲畜，村民向当地的护林员求助。他们没有杀掉这只动物，而是决定捕捉它，并将它转移到一个偏远的地方，远离人类定居点，然后将它放归野外。它被按部就班地捕捉，并装在一辆卡车后面的移动笼子里。到达放归地点后，一名护林员打开笼子，便飞快地钻进卡车驾驶室里。让他烦恼的是，那只豹子现在把笼子当作一个安全而温暖的巢穴，蜷曲着身子待在里面，拒绝离开。处于紧张状态的它非常警觉，不愿冲进外面的野地中。

过了一会儿，护林员失去了耐心，他从驾驶室的车门里探出身去，开始用一根沉重的棍子敲击笼子的侧面。那只豹子冲着他咆哮，但仍然拒绝挪动。然后护林员犯下一个大错。他拿起一根又长又尖的棍子，开始透过笼子的铁丝网戳豹子。结果豹子怒吼起来，用上下颚咬住那根棍子，试图从护林员手中将棍子夺走。护林员终于放弃了，坐回驾驶室里。就在这时，那只豹子站起身来，走出笼子，但它并未跑进矮树丛中——面对这种环境，几乎所有其他被捕获的野生动物都会如此反应——而是围绕卡车驾驶室徘徊，并通过半开的车窗往里跳。护林员惊慌失措，试图关上车窗，却在不经意间朝错误的方向摇动手柄，结果车窗非但没有升高，反倒降了下来。于是豹子跳进驾驶室，开始攻击护林员的头部和胸部，反复抓他。

这可不是一头被逼得走投无路的动物出于自卫而反抗，这是一次精心算计的袭击。那名护林员血流如注，但仍然沉着冷静地用靴子把那只豹子往外踹，最终将它踹出了驾驶室，然后它就逃之夭夭了。护林员被它抓伤的伤口缝了 21 针，并留下了永久性的疤痕。

胶片捕捉到了这一连串不同寻常的事件，揭示了豹子是一种颇有心机、报复心重的动物，有仇必报。我曾经观察到黑猩猩、大猩猩和大象如此行事，会向那些虐待它们的人寻机复仇，但发现豹子也属于这个由顶级聪明的动物组成的精英群体，我还是感到吃惊。

这或许也是马戏团的驯兽师认为豹子“不可靠”的原因。他们的真正意思是，一只接受训练的豹子在经历了漫长的屈辱后，有一天会感觉自己已经忍无可忍，于是毫无预警地展开血腥的复仇。另一方面，我们也有必要记住，如果抱着仁慈之心，满怀善意地亲手养大一只豹子，那么它也会成长为一个忠诚而友好的同伴。

在撰写本书时，我会尝试着展示豹子个性中的方方面面——它优雅健壮的体魄，它精湛的捕猎技巧，它机警腼腆的个性，它狡黠的智慧，它充满母性的奉献精神，以及它对孤独生活的偏好。我还会考察数世纪以来人类对豹子世界的冲击——它们几乎全都损害了这种动物。我更愿意讲述我们一直以来是如何崇拜和尊重这种大猫的，但遗憾的是，我办不到。我们猎杀它，诱捕它，屠戮它，折磨它，并且普遍地剥削它，诸如此类的事情全都稀松平常。不过时移世易，如今我们终于对它感到惊奇，开始观察它，保护它了。希望本书能够对这一改变过程带来些许帮助。

最后，笔者还要对豹子的英文名称啰唆几句。过去，这方面存在很多混淆，即便到现在也仍有若干问题存疑。数世纪以前，人们认为豹子是狮子（lion）与黑豹（pard）的杂交产物，它在英语里的名称 leo-pard 便来源于此。有些权威人士认为，pard 是 panther 的另一个说法，另一些人则认为 panther 指的是雌性的豹子。pard、panther 和 leopard 这三个词语之间的关系不断变化，直到伟大的约翰逊博士* 最终在他 1760 年的词典中大胆宣布 panther 即为 pard，而 pard 就是 leopard。换言之，这三个词指的都是同一种动物。在约翰逊的时代之后，pard 一词逐渐被淘汰，但 panther 一词却被设法保留了下来，在说到那种被通称为“黑豹”的黑色豹子时尤其如此。不幸的是，美

* 即塞缪尔·约翰逊，18 世纪的英国著名学者，编纂出历史上第一部《英语大词典》。

正如这幅插图所示，当《大英百科全书》（*Encyclopaedia Britannica*）的第一版在 1771 年出版时，其编纂者仍然把 panther 与 leopard 搞混了。

洲豹和美洲狮有时也被称为 panther，因此最终幸存下来并获得科学认可的是 leopard 一词，而其学名 *Panthera pardus* 则使得它那两个已经废弃的旧称以拉丁文的形式保留了下来。

第二个容易混淆之处涉及猫科动物中究竟有多少个以 leopard 为名的物种。下面的表格展示了现代的分类，应该可以澄清这一状况：

豹　LEOPARD　*Panthera pardus*

分布于非洲和亚洲

美洲豹　AMERICAN LEOPARD　*Panthera onca*

英文俗名现为 JAGUAR，分布于中南美洲

雪豹　SNOW LEOPARD　*Uncia uncial*

英文俗名又叫 OUNCE，分布于中亚

猎豹　HUNTING LEOPARD　*Acinonyx jubatus*

英文俗名现为 CHEETAH，分布于非洲和亚洲

云豹　CLOUDED LEOPARD　*Neofelis nebulosa*

分布于亚洲

巽他云豹　SUNDA CLOUDED LEOPARD　*Neofelis diardi*

分布于苏门答腊岛和婆罗洲

本书以上述 6 个物种中的第一个为主题。为了保持完整性，另外 5 种将在附录二中进行简要的介绍。

第一章

古代的豹子

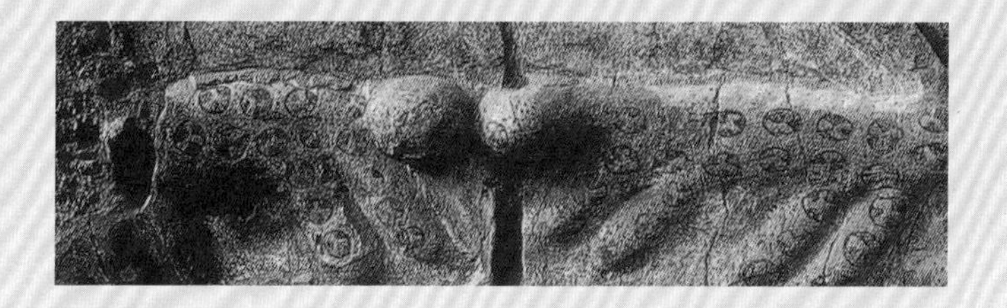

Chapter One　Ancient Leopards

1994年，在法国的肖维—蓬达克岩洞（Chauvet-Pont-d'Arc Cave）发现了迄今最古老的豹子形象，至少有23 000年的历史，甚至可能更古老。尽管法国和西班牙的一些洞穴里还发现了众多其他有关动物的史前洞穴岩画，但这一处却是第一个准确描绘豹子的例子，而且仅此一处。就像所有石器时代的洞穴岩画一样，这种动物的外形描画得相当准确，不存在程式化的夸张。其线条或许非常简单，但却很好地把握到了一只成年豹子身体各部分的比例。[1]

仔细研究旧石器时代的欧洲洞穴艺术，就会发现它们描绘的全都是动物死亡后的姿态。换言之，它们都是纪念被杀死的单只动物。这一事实也解释了它们为何以如此写实主义的方式表现那些动物——这些画都是个体的肖像画而非象征性的图形。肖维岩洞里的犀牛岩画之一，就描绘了血液从这头动物嘴里喷射出来；那只豹子脑袋下面的红色污迹，或许也是以同样的方式表示血液。

法国肖维岩洞里用红色赭石画的一只豹子，创作于23 000多年前。

一尊黏土小雕像，表现一位身怀六甲的女性人物，其两侧各有一只大型猫科动物，由詹姆斯·梅拉特发现于加泰土丘。

要找到下一处表现豹子的史前艺术，我们不得不等到此后大约15 000年，来到位于今土耳其境内的古老定居点加泰土丘（Catal Huyuk）。在那里的一堵房屋墙壁上，有一对与原物大小相当的豹子浮雕，表现了它们头挨着头、竖着尾巴的样子，描绘得精美绝伦，其历史可追溯到公元前6 000年左右。在其他史前遗址都没有发现类似的东西，我们不知道它表达了什么意思，不过确实有若干颇有想象力的说法。据发掘该遗址的詹姆斯·梅拉特（James Mellaart）所言，它们是“那位女神的标志”。这个想法似乎基于他的一个发现：在一个食品储存罐里，有一尊“胖女人”的坐姿小雕像，其两侧各有一只大型猫科动物，弯曲的尾巴友好地贴在她背上，从她的双肩垂落下来。这两只大猫身上没有斑点，但那两对圆圆的小耳朵表明，它们应该是豹子。除此之外就只有一种可能了：它们是形象夸张的家猫，被用来控制谷物中的有害动物。由此就可以理解它们为何被放在一个盛放食物的容器中，仿佛这么做是为了让它们提供一种抵御啮齿动物的象征力量。

有一点显而易见：墙上这对巨大的豹子已经存在很久。因其中一只受过破坏，梅拉特得以更仔细地查看其结构。结果他发现，浮雕中的形象曾经翻来覆去地重新涂抹灰膏和颜料，似乎是为某种重复的仪式而将它装饰一新。据他估计，浮雕曾经被修缮了大约40次，他还提出一句令人难忘的评论："在加泰土丘，豹子的斑点一直在变化。"

这块浮雕上最早的豹子形象比保存下来的版本小很多，它们有黑色的爪子，玫瑰形的花纹比稍后的版本更大但更少。稍后，白色的背景中画上了成排的黑色玫瑰形花纹，豹子的身体、四肢和尾巴全都是白色。其中的两团玫瑰形花纹构成了它们的眼睛。它们的嘴是红色的，爪子和尾巴尖全部用鲜红色的颜料勾勒出来。在更晚的版本中，豹子被涂上柠檬黄，玫瑰形花纹也被一些黑点所取代。它们的嘴、尾巴尖和爪子全都用粉红色条纹做了强调。到这个阶段，两只动物的身体轮廓都用黑色颜料潦草地勾勒出来。终于，到了最后阶段，

加泰土丘，两只用灰泥描绘出来的豹子浮雕，创作于大约公元前6000年。

整个浮雕都用石灰水粗略地刷过，什么细节都看不到了。此时，豹子的外形已经因为反复涂抹一层层的灰泥而变得笨拙。梅拉特小心翼翼地将这外面的几层灰泥揭掉，露出厚重表面下隐藏的一个更有趣的阶段。[2]

对加泰土丘的进一步挖掘显示，这里的豹子崇拜持续了数百年。在一个更古老的时期，又发现了另一对浮雕豹子，比前述那一对早200年左右，接着第三对也发现了，创作的时间还要早200多年。所有这三对豹子都被描绘成头对着头、竖着尾巴的样子。有人提出，这样的构图表现的是豹子在打架，但也有可能暗示两只豹子之间友好的问候。或者，它们表示的应该是死去的豹子，在人们庆祝自己征服了一种能够致人死命的猫科捕猎者时，被仪式性地摆出这个姿势，也许这才是正确的阐释。

在加泰土丘还发现了一些小型的石灰岩雕刻，表现一个人骑在豹子背上。在这里，豹子的斑点用一个个钻出来的小孔来表示。其中有两个人物是侧骑姿势，另一个是以职业骑师的姿势跨骑在豹子背上。有一个已经损坏的人物形象显然是女性，还有一个似乎围着一条豹皮围巾。这些小雕像很可能是佩戴的垂饰，梅拉特因此而将豹子描述为“动物世界与自然界诸神的神兽”。

在加泰土丘的一处创作于公元前5790—前5750年的壁画中，有一个右手举着弓的人物形象，梅拉特把他描述为一个猎人，身穿带有斑点的豹皮。如果他的解释是正确的，那么这处古代定居点的居民不仅在墙壁上创造出了豹子的雕像，而且还猎杀它们并以其皮毛作服装。

在一个位于现代土耳其境内的史前定居点，豹子居然成为其艺术作品中一个重要的主题，这或许看起来有些令人吃惊。如今，豹子在近东地区已经几乎灭绝，我们不再把它们与该地区联系起来，但在 8 000 年前，这些危险的捕食者在这里很常见，对当地人口，尤其是他们的家畜，造成了严重的威胁。如果就像更早的洞穴岩画那样，那堵墙壁浮雕中描绘的也是豹子死去而非活着的姿势，那么这种情况无疑正是加泰土丘的居民希望看到它们的样子。关于那种似乎反复举行的仪式具有何种性质，这一点或许也可为我们提供一些线索。[3]

让我们继续介绍一些早期文明中的豹子形象，在公元前 4000 年的古代美索不达米亚，出现了一件栩栩如生的石灰岩豹子雕刻。作品似乎捕捉到了它突然转身面对观者的那个瞬间，它警惕而愤怒，双目圆瞪，上下颌微微张开，可以清楚看到它那对巨大的犬齿。就好像创造这个形象的艺术家真的观察过一只豹子，它很可能是掉入了陷阱，正对捕捉它的人做出防御反应。作品相当完美地记录下了它的姿态和身体比例。[4]

稍后，在古埃及，豹子因为其皮毛之美而受尽磨难的漫长历史终于从这里开始了。那里的高级祭司以身披豹皮斗篷的方式，来显示其高高在上的地位，这样的服装附件在当时肯定极端罕见而珍贵。我们从一些早期的记录获知，这些皮毛是作为特殊的贡品，从南方的努比亚带来的。有一段铭文这样写道:“我从黑人之地为阁下带来……瞪羚、豹皮。”它们的稀有，加上它们的美丽，更别提“劝说”野生豹子放弃这身皮毛所涉及的种种危险了，肯定让它们成为仪式性服装中极为宝贵的珍品。

埃及公主内菲迭贝特（Neferetiabet；公元前2590—前2565年），发现于她在吉萨的坟墓。

在底比斯，一座重要的坟墓以相当惊人的细节，向我们展示了那些被带到埃及来的是何种贡品，以及它们之间因产地不同而导致的差异。在坟墓入口对面的墙壁上，有一系列排成行的画，从它的一件复制品中，我们可以看到，中间那一行描绘了肤色黝黑的努比亚人带着他们具有异国色彩的贡品来到埃及。这些礼物中包括若干猴子和狒狒、一只长颈鹿和一头豹子。在画的右边，还有一张美轮美奂的豹皮，已经摊开供人查看。一头步行的豹子则戴着项圈，系着绳子，显然是一只驯养的动物，很可能是一只令人惊叹的宠物，为法老的私人花园而准备的。尽管它体形细长，但我们可以肯定它是一头豹子而非猎豹，因为只需细细观察它身上的斑点，就会发现它们被非常写实地描绘成豹子的玫瑰形花纹，而非猎豹那种典型的实心圆点。[5]

公元前 1500 年的一只人工驯养的豹子，它身上的斑点被准确地描绘成玫瑰形。

这幅画来自宰相雷克米尔（Rekhmire the Vizier）的坟墓，他是这片土地上地位最显赫的文官，其工作是在各国向法老纳贡时检查那些贡品。他在公元前 15 世纪的法老图特摩西斯三世（Tuthmosis III）和阿蒙诺菲斯二世（Amenophis II）手下服务，当时的埃及帝国，不管从领土面积还是国家富足程度看，均如日中天。通常，法老会把一些奢华的豹皮留给自己，要么当作戏装来穿，要么铺在皇宫中的宝座上，让自己坐着更舒服。另外一些豹皮则赏赐给了他宫廷里的宠臣，供他们在特殊场合穿戴。有人提出，豹皮上的斑点对埃及人有着特殊的意义，因为这让他们想起天上的星星。这一看法可从下面的事实中获得支持：当埃及人制作人造的豹皮装饰时，他们会用五角星表示那些斑点。

祭司阿尼恩（Anen）的一尊青铜雕像，描绘了一张覆盖着星星图案的豹皮及与之相连的豹头。阿尼恩在公元前14世纪的阿蒙霍特普三世（Amenhotep III）统治时期担任祭司。

古埃及人把豹子视为一种神圣的动物，认为它是天空女神玛芙代特（Mafdet）的化身。它与天空之间的联系暗示了“斑点＝星星”的象征性等式。这种对豹子的崇拜早在公元前3000年的第五王朝就已出现。作为亡者的保护神，女神玛芙代特的职责之一，就是攻击那些阻碍亡灵通往来世的蛇和蝎子。

继承法老图坦卡蒙（Tutankhamun）皇位的法老阿伊（Ay），在公元前1323年的一次葬礼中披着一件豹皮做的斗篷，上面仍然带着豹子的头部、尾巴、四肢和爪子。这幅画来自图坦卡蒙的陵墓。

在古埃及神话中，一切都很复杂，关于豹子身上那些著名的斑点，这里有一种截然不同的传说，涉及神灵霍鲁特（Horus）和赛特（Seth）之间的一场争斗。为了保护自己免受敌人伤害，赛特能够变成任何动物。有一次，他变成一头砂砾色的豹子，这种颜色如此完美地融入了沙漠的沙子中，因此他能够在霍鲁特面前隐藏起来。老鹰霍鲁特在高空中盘旋，试图在下面的沙漠中找到他的敌人，却徒劳无益。但豺狗阿努比斯（Anubis）就获得了成功，凭借犬类的敏锐嗅觉，他嗅出了几乎隐身的赛特。诡计多端的阿努比斯决定给豹子身上打下更明显的烙印，这样将来碰到类似的情况就省事一些了。他一路小跑，来到尼罗河岸边，四处拍打自己的爪子，直到它们全都覆盖上这条大河盛产的黑色淤泥。然后它就跳到豹子背上，在其皮毛上盖满泥巴爪印。根据这个传说，豹子身上那些斑点就是这么产生的。

不得不承认，跟其他神兽相比，豹子似乎并没有给古代艺术家带来什么灵感。时光荏苒，数世纪过去了，玛芙代特让位于赛克迈特（Sekhmet）和巴斯特（Baster），即与狮子和家猫相联系的神祇。在古埃及艺术中，每出现一个玛芙代特的形象，与之对应的就有上千个赛克迈特或巴斯特的形象。在少数幸存至今的豹子模型和雕塑中，有一件蓝色的彩釉陶器，收藏于大英博物馆，还有一件更大的彩绘木头雕像，来自公元前15世纪的图特摩西斯三世坟墓。那个木头雕像令人迷惑，因为它跟古埃及首相雷克米尔坟墓中的彩绘豹子产生于同一时期，而且有着同样细长的体形。有人会争论说，这两个形象都根据同一只半饥饿的豹子塑造而成，是由努比亚人从非洲热带地区带来的异国礼品。但这种细长的体形更有可能只是一种风格化的特征，因为不管是描绘人类还是动物，古埃及艺术家通常都对瘦削的身材情有独钟。细细查看那只木头豹子受到严重损坏的表面，得出的结论似乎支持后一种观点，因为它表明这个雕像最初是涂成黑色的，说明其原型是一只黑豹。这样一只动物，比那些带有斑点的豹子更罕见，也更有异国色彩，无疑投合法老宫廷的所好。那只木头雕像的其他细节还说明，它最初属于一组群雕，很可能附有法老的跨骑形象。

阿蒙霍特普二世的坟墓里也有一对黑豹小雕像，属于一尊皇家雕像的底座。这对豹子身体各部分的比例塑造得非常准确，其黑色的表面也保存得更好。

图坦卡蒙的坟墓里发现了一件古怪的玩意儿，是一把覆盖着豹皮的乌木折叠凳子。其古怪之处就在于，尽管它是设计成折叠的，但却再也无法折叠起来；而且，它表面覆盖的豹皮也不是真皮，而是高度风格化的假豹皮，豹子的斑点同样以五角星的形式出现。这把凳子上的假豹皮有一个奇怪的特征：其背景是黑色的乌木，而那些“星星”或“玫瑰花纹”则是镶嵌的白色象牙。这与自然的豹皮色彩对比恰恰相反，后者是淡色背景上的黑色玫瑰状花纹。如果不是从凳子上垂落的四肢和尾巴，要把它当作豹皮凳子就很难接受。遗憾的是，几个豹爪没有了，据说其表面贴着纯金，对盗贼来说这是不容忽视的宝物。

幸运的是，若干黄金豹子面具总算从盗贼的眼皮底下躲过一劫。它们让人想起某些高级官员佩戴的腰带带扣。为了准确起见，有一点不得不提一下：尽管这些黄金面具一直被称为豹子面具，但实际上它们描绘的可能是猎豹的头部。线索就是那条从双眼内侧眼角向下延伸的弯曲黑线。在面具上，这些黑线受到着重强调，而在自然界中，却只能在猎豹而非豹子面部找到。这些面具中最精美的一些，发现于一座坟墓的壁龛上，是跟一名古埃及殡葬祭司* 的豹皮披风一起找到的。面具本身用无色水晶和木头做成，镶嵌着手工打制的纯金。它额头的中央戴着皇家徽章——图坦卡蒙名字的装饰镜板。面具旁边的墙画之一，描绘了这名祭司在一场重要的葬仪中，面对法老举着那个面具。只要记住使用这只黄金面具的背景，就不难看出它为何一直被当作豹子而非猎豹，它描绘的确实可能是一只豹子，但制作面具的艺术家使用的模特

* Shem priest，又拼写为 Sem priest，是古埃及地位最高的祭司。

产生于公元前 1380 年（古埃及第 18 王朝）的黄金豹子面具，其设计类似于高级祭司所佩戴的上等腰带带扣。

是一只更友好、顺从的驯养猎豹，这或许才是神圣的“豹子面具”上为何有猎豹眼纹的真实原因。

随着埃及人的势力逐渐走向衰落，希腊成为新的文明焦点，豹子的角色随之转变。那时它跟古希腊人对狄奥尼索斯的狂热崇拜联系起来，那是一位喜欢沉溺于感官享受的神灵。狄奥尼索斯既是酒神，也是混乱的性愉悦之神，豪华盛筵与狂欢作乐之神。在艺术作品中，狄奥尼索斯被描述成身穿豹皮甚至骑在豹子背上的形象。因此，在这里，这种狂乱的异教崇拜者所颂扬的是豹子狂热的淫欲。[6] 狄奥尼索斯被刻画为野蛮自然之神，不受文明化都市束缚的原始力量之神，而作为其同伴的豹子就代表了这一切。据说它们也疯狂地热爱葡萄酒，且步态优雅，一如一位恣意放荡的酒神舞者。根据一个有关狄奥尼索斯的传说，酒神在漫游世界时被海盗抓获。

两只豹子——他的神兽——出现了，将海盗们驱赶到海盗船的中央。他们以为自己难逃一死，于是全部跳进海里，就在他们落入水中的那一刻，狄奥尼索斯将他们变成了海豚，这样他们就不会溺水而死了。

在权力中心转移到古罗马之前，豹子也曾非常戏剧性地出现在公元前 9 世纪盛极一时的伊特鲁尼亚文明中，那里也就是现在的托斯卡纳。伊特鲁尼亚人一直控制着罗马，直到公元前 4 世纪。他们建造了一些装饰精美的墓室，以描绘来世的场景为特色。其中一个墓室修建于公元前 480—前 450 年，如今被称为“豹子之墓”。它位于今意大利拉齐奥区（Lazio）塔尔奎尼亚的一个古代公墓，墓室里的一幅壁画表现了一对

《狄奥尼索斯及其豹子》（*Dionysus and his Leopard*），公元 2 世纪，马赛克。

在意大利塔尔奎尼亚（Tarquinia）的伊特鲁里亚古墓里发现的豹子之墓。

相互对峙的豹子及在其下方举行的盛筵。据说这对大猫充当了下面那些饮酒狂欢者的保护神。它们彼此相对，伸出长长的舌头，张开着血盆大口。而且，画中的两只动物都处于一触即发的状态，一条前腿从地上微微抬起，仿佛它们准备在需要的时刻发动攻击。它们身上的斑点明显是玫瑰花形状的，证明两只大猫是豹子而非猎豹。

当古代世界的势力核心终于转移到罗马人手中时，古希腊神话中的狄奥尼索斯发现自己摇身一变为古罗马神话中的酒神巴克斯。尽管名字和外表发生了转变，但他忠诚的动物伙伴仍然一如既往。这时，我们可以看见巴克斯披上新的外表，要么作为一个赤身裸体、醉醺醺的男童而骑着一头豹子，要么当他的神兽躺卧在他身边时，从一个碗里拿出食物喂它们。

虽然神话以这种象征的方式呈现处于放松状态的豹子，但它们很快就将在古罗马人生活中扮演一个远为残酷的角色，给它们在神话中的形象蒙上阴影。公元80年，残暴怪物般的古罗马竞技场建成，它那渗透了鲜血的表演场也将很快成为众多凶猛的豹子和无数其他野生动物的葬身之地。豹子在马戏团中遭受折磨的岁月也即将开始。

第二章

部落时代的豹子

Chapter Two　Tribal Leopards

豹子经常与部落社会发生冲突，要么是因为它们与作为猎人的部落居民竞争猎物，要么是因为它们捕食家养的牲畜，要么是因为它们偶尔会成为食人野兽。对于相对缺乏保护的部落社区，豹子这样的大型夜行性捕食者肯定会一直构成威胁。被视为危险动物的它们因此招来了两种强烈的反应——恐惧与敬意。对豹子的恐惧使得岩画中出现这种动物追逐奔跑的人类的形象，而对其力量与狡猾的敬意，则使得那些希望获得这种捕食者特质的部落首领身穿豹皮。

非洲的布须曼人（Bushmen）是那片广袤大陆上最初的居民，直到他们被稍晚到达的一波波肤色更黑的部落赶走。如今，他们仅仅保留着非洲西南部一些偏远地区的土地，但他们的早期岩画仍然幸存至今，遍布整个大陆。最北到撒哈拉沙漠都能找到这些岩画，成为他们一度拥有广阔势力范围的永恒证据。据估计，非洲很可能有数万处岩画遗址，其中有很多仍未被发现。据信，有些岩画已经有 27 000 年的历史，但也有很多岩画的产生年代尚未确定。在布须曼人创作的这些赭红色岩画中，有很多场景都清楚地描绘了他们与野生动物的关系。其中两个涉及豹子的场景揭示了他们对这种动物的恐惧。不同于法国肖维岩洞里那种史前岩画中的豹子形象——其僵硬的四肢说明它们已经死去——这些岩画展示描绘了一头豹子的布须曼人岩画。

了豹子弯曲的四肢，说明它们显然在飞快地奔跑，追逐猎物。还有一些岩画描绘发动攻击的豹子正在靠近猎物，准备痛下杀手，一名研究这些岩画的观察者因此而评论说，它们“很可能并非‘肖像画’”。

在部落艺术描绘的各种豹子形象中，最突出的范例无疑是一对精美的象牙雕塑，于19世纪产生于贝宁。它们是哈里·罗森（Harry Rawson）元帅送给维多利亚女王的礼物，他曾经在1897年指挥一支英国远征军。这支包括1 200人的军队被送到贝宁去，是为了此前一支入侵该国的英国军队遭到屠杀而实施报复。辉煌的贝宁城是非洲文化的珍宝之一，却遭到焚烧和劫掠。皇宫、宗教建筑和富豪宅邸都被焚毁。经过三天的破坏，大火蔓延，吞没了这座城市的大部分区域。它那些伟大的艺术品要么毁于一旦，要么散佚，其中2 500件落入英国人手中。就像发生劫掠后的大多数情况一样，维多利亚女王自豪地接受了那些最精致的贝宁艺术珍品，其余的则为了支付远征军的费用而被拍卖。这两只象牙雕的贝宁豹子每只都由5块单独的象牙组成：分别构成其头部、前腿、躯体、后腿和尾巴。象牙的表面并不是光滑的，而是精雕细刻成皮毛似的纹理；豹子的斑点则用铜箔做成。那些铜来自19世纪用于触发来复枪的火帽。豹子的眼睛则用欧洲进口镜子的碎片制成。这对象牙豹子至今仍由英国皇家收藏，不过现在借展给大英博物馆了。所有贝宁艺术品最初都是为其国王即奥巴（Oba）制作的，豹子被当作他的象征性化身之一。还有一件较小的象牙黄铜豹子也收藏于大英博物馆，拥有高度风格化的头部。它是一件臂部装饰品，属于奥巴所穿礼服的一部分。根据一个贝宁传说，神之所以选择豹子而非其他动物来代表国王，是因为豹子拥有强大的力量和美丽的皮毛，并且能够控制动物们参加一次秩序井然的和平聚会。[1] 所以，把它的形象用作奥巴权威的象征也就恰如其分了。

镶嵌着黄铜的象牙雕豹子，来自19世纪末的尼日利亚贝宁城。

有一位贝宁国王对豹子如此着迷，甚至派一些特殊的猎人为他捕捉一些活标本。他圈养的豹子作为皇家吉祥物而受到尊重，还在一些典礼中威风凛凛地参加巡礼。有时候，他也用它们祭献给诸神，但按照一个既定的惯例，只有他才可以在每年岁末的伊古埃节（Igue）期间，用其中一只豹子作为牺牲[2]，举行这个节日是为了庆祝国王重新获得其神秘力量，并让他赐福于这片土地及其人民。皇家豹子能参与这个重要的节日，清楚地表明这些动物在贝宁传统中处于多么核心的地位。当一位新国王登基时，他也会用一只豹子献祭，这个事实再次突出了它们的重要性。这种做法是象征性地表示新国王（那座城市的统治者）承袭了另一位国王（森林之王）的权力和智慧。[3]

描绘贝宁国王（奥巴）用豹子献祭的青铜装饰板。

海螺形状的容器，顶上站着一只豹子，产生于19世纪，来自尼日利亚东部的伊格博-尤克乌。

在西非，浇铸金属豹子雕像的传统源远流长。在贝宁城以东约100英里（约合161千米）处的尼日利亚城市伊格博—尤克乌（Igbo-Ukwu）就曾经发现一只，其历史可追溯到公元9世纪。那是一件不同寻常的作品，描绘一只豹子站在一枚装饰精美的青铜海螺壳上。跟16世纪那些闻名于世的贝宁青铜装饰板相比，它的历史悠久得多。尼日利亚至今仍在制作青铜豹子，因此这一切意味着此类非洲部落传统已经延续了1 000年以上。[4]

来自伊格博—尤克乌的另一个非凡发现，是若干用青铜铸成的豹子头骨，产生于公元9世纪或10世纪。众所周知，非洲的部落领袖有时会在其聚会厅内的神坛上摆放真正的豹子头骨，作为力量与攻击性的象征。这些青铜头骨及其古怪的雕塑附件似乎也是摆放在神坛上的，很可能象征着部落酋长的崇高地位。部落时代的艺术家制作此类头骨形象是极其罕见的，就此而言，它在其他前现代艺术类别中也非常罕见。

伟大的贝宁国王居然没有选择通常公认的丛林之王——凶猛的狮子——作为其图腾动物，这似乎有些奇怪。但在非洲民间传说中，其实豹子才是真正的兽中之王，而狮子拔得头筹不过是西方人的看法罢了。非洲各部落对豹子情有独钟是出于如下几个原因：首先，他们认为豹子虽然个头略小，但却更聪明；其次，他们相信豹子比狮子更擅长狩猎，就算是整个狮群都无法制服的某些大型动物，它们也能猎杀；其三，部落猎人发现，杀死一头成年狮子比一头成年豹子更容易。

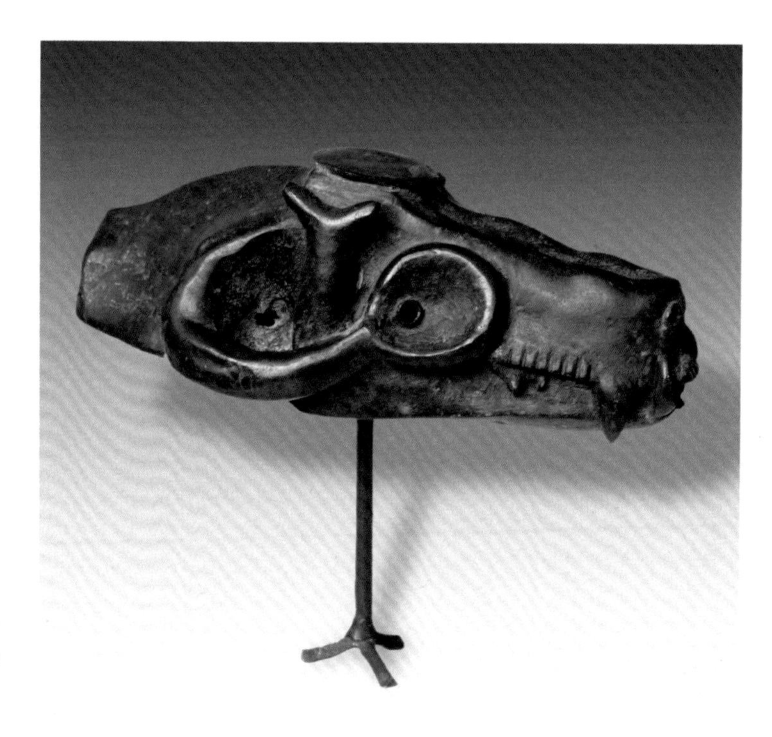

来自西非的青铜豹子头骨，制作于 20 世纪。

（左页图）贝宁青铜装饰板，描绘了捕猎豹子的场面，创作于 1500—1700 年前后。

豹子给贝宁城的统治者们留下如此深刻的印象，他们在那些镶嵌于其宫殿墙壁边缘的著名青铜装饰板上描绘了这些动物的特殊形象。其中一块装饰板现藏于伦敦的大英博物馆，展示了一只流线型的优雅豹子及其尖利的犬齿和繁茂的髭须。比较小的青铜豹子雕塑也很流行，非洲部落艺术家至今仍在制作此类物品。它们中有些带有夸张的犬齿，而另外一些则表现豹子用嘴叼着幼崽。这些青铜雕塑的质量参差不齐，既有技艺精湛的典雅之作，也有制作粗拙的卡通式作品。除了这些雕塑，非洲还有制作专业设计的青铜豹子面具的传统。同样，它们中的一些拥有异常大的犬齿和髭须。有几个面具表现了这种动物伸出舌头的模样，说明艺术家是仿照一只死去豹子的样本来刻画其头部细节的。

在非洲部落居民中，木雕一直是最流行的艺术形式之一。因此，发现非洲豹子木雕相当罕见就有些出人意料了。这种作品就算真的出现，也往往是描绘一只母豹用嘴轻轻地叼着幼崽，聚焦于豹子深沉的母爱，而非强调其捕食行为。

尽管作为完整的动物小雕像，豹子的形象并不常见，但它们却受到一种部落雕刻类型的偏爱，那就是作为若干部落独特标志的酋长凳子。在此类重要的部落礼仪器具上，豹子往往充当凳子下面的支撑物。有人提出，坐在豹子身上可赋予部落首领一种优越感，显示他们比这种以其力量与敏捷而著称的动物更强大。如果幸运一点，当他坐在这样的凳子上时，也许还会不可思议地汲取这种动物的一些力量。在西非的阿散蒂（Ashanti），据说豹子被视为部落首领的有力象征，因此只有国王才有资格使用礼仪性的豹形凳子。

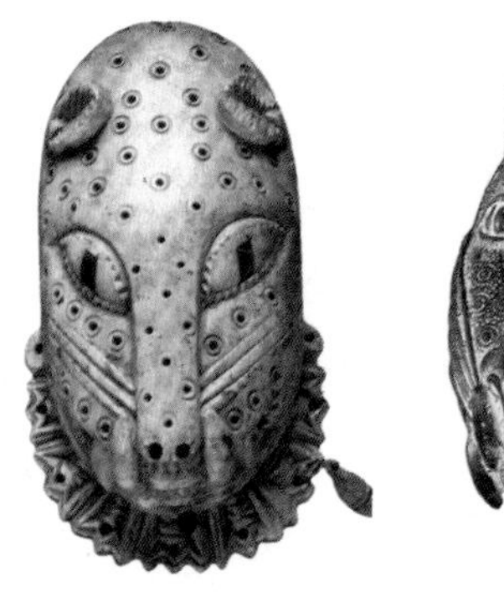

（左图）来自尼日利亚的青铜豹子面具。

（右图）贝宁的象牙豹头面具带扣，产生于18世纪或19世纪。

（下图）来自加纳阿散蒂部落的青铜豹子。

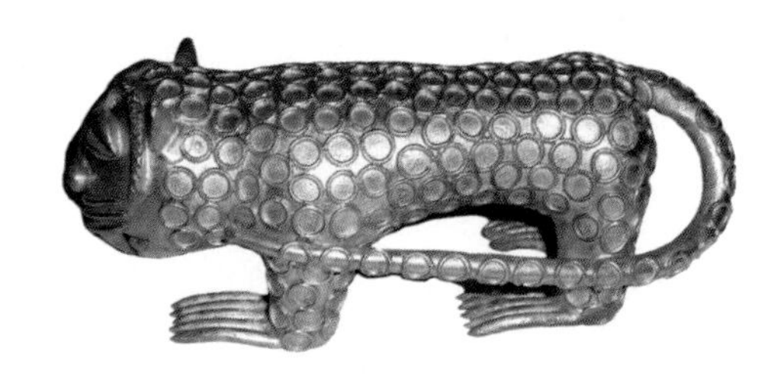

在喀麦隆草原（Cameroon Grasslands）居民和象牙海岸的博勒（Baule）部落中，也有类似的象征物。就像在阿散蒂地区一样，据说豹子迅捷的速度和咄咄逼人的气势这些品质会注入部落首领的精神。豹子因此也成为重要的皇家标志。在喀麦隆，为了增加皇家豹凳的视觉冲击力，人们习惯用色彩鲜艳的珠子装饰部分豹凳。1916年，被称为“丰王”（fon）的巴厘国王，将自己拥有的一个此类豹凳作为特殊的外交礼物，献给了英国国王乔治五世，它至今仍保留在皇家藏品中。喀麦隆草原的一件雕刻作品描绘部落酋长头上顶着一个碗，坐在那只豹子身上。这个豹子主题备受喜爱，被用于各种各样的雕刻设计中。至于那些皇家豹凳，国王也将自己安放于其上，只不过那只是国王的木雕形象。在这两种情况下，力量强大的豹子都屈居于部落统治者之下，因此也就赋予后者一种大大拔高的地位。

非洲人偶尔会在装饰性的布料饰品中加入豹子设计。这些图画往往拥有一种业余画家风格的迷人稚拙，与那些信心十足的青铜雕像和木雕豹子形象明显不同。

来自加纳（Ghana）的阿散蒂部落豹形宝座。

部落首领汲取豹子力量的另一种方式，是杀死一只豹子，剥掉它的皮，并以此作为典礼仪式上的装饰。当喀麦隆的班德均（Bandjun）国王坐在宝座上时，其脚下会铺一张豹皮。据说他是那些强大动物的兄弟，到了夜晚就能变成一只豹子，

安囊族（Annang）的裹尸布，来自尼日利亚。

在森林里巡游。同样是喀麦隆，班纳国王哈比四世（Hapi IV）更喜欢把豹皮垂直地悬挂在其宝座后面。作为替代做法，豹皮还可作为仪式性服装穿在身上。这在非洲南部的部落中尤为盛行，祖鲁人至今仍保持这一习俗。除了一张巨大的豹皮披肩，这些部落的很多首领还会佩戴某种豹皮头饰。如今，他们这种引以为傲的古老习俗跟现代南非对动物福利和保护的态度相冲突。舆论一直呼吁祖鲁族领袖公开拒绝使用真正的豹皮，而用某种人造皮取而代之，作为其仪式性服装。现代纺织业的专业人士一直在孜孜不倦地努力，希望创造出几乎能够以假乱真的人造豹皮。个性鲜明的南非总统雅各布·祖玛（Jacob Zuma）似乎不可能听从这些现代改革的呼声。恰恰相反，他似乎陶醉于回归传统的祖鲁价值观，越来越喜欢模仿祖鲁君主——尤其是他们穿戴豹皮服装的传统。最近，当他再次迎娶一位新夫人时，他和他的新娘都公然挑衅地穿着旧式的祖鲁豹皮礼服庆祝婚礼。

祖鲁人与豹子之间有着强烈且历史悠久的文化纽带。在19世纪初，一位伟大的领袖夏卡（Shaka）在这里崛起，将祖鲁各部落联合起来，组成一个强大的武士之国。年轻时，夏卡表现出惊人的勇气，曾经凭借仅仅两支长矛和一根棍子，就独自杀死一只豹子。从那以后，豹子就对祖鲁人具有了特殊的意义。人造豹皮虽然具有政治意义，但似乎不可能让他们感到满意。不过，如果野生豹子的种群下降到严重濒危的地步，他们或许将别无选择。

最后，概括一下豹子在部落中扮演的角色。显而易见，数世纪以来，在非洲原住民心目中，这种大型猫科动物都具有重要的象征意义，并且备受尊敬。对很多部落社会来说，机灵的豹子一直都比威武的狮子更重要，但所有部落都将它们一直视为卓尔不群的猎手，崇拜甚至嫉妒它们。约鲁巴人（Yoruba）以诗歌的形式表达了他们对豹子的敬意：

> 高贵的猎手
> 一边咬碎猎物头骨，
> 一边在地上摆动尾巴。
> 威武的死神
> 在走向猎物时，
> 披上了斑点衣袍。
> 顽皮的杀手
> 用爱的拥抱撕碎羚羊的心脏。[5]

第三章

豹子邪教

Chapter Three　Leopard Cults

有人认为，跟其他大型猫科动物相比，豹子显得异常野蛮残暴，究其原因之一，或许在于它们多年来都跟非洲部落凶残成性的豹子邪教相联系，因而名声受到玷污。这些杀人不眨眼的豹人（leopard-men）已经延续数世纪之久，有些人以为它们仅仅存在于耸人听闻的虚构故事中，但事实并非如此。豹人早在18世纪就很活跃，直到20世纪中期才被殖民政府消灭。在那样漫长的时间内，他们那些可怕的仪式究竟造成了多少备受折磨、身体伤残的受害者还很难说，不过数量肯定相当大。[1]这些豹人被称为“安略托”（Anioto），是一个秘密社团的成员，他们身穿豹皮，手里握着尖利的金属钩子，用来将其受害者抓挠致死。这种邪教似乎产生于西非的马布都（Mabudu）部落，然后从那里向南传播到刚果伊图里森林（Ituri Forest）地区的其他部落。举行仪式时，豹人会在一条特殊的腰带上装饰一条真正的豹子尾巴，腰带上还挂着一个小壶、一根带有雕刻的棍子和一把锋利的刀子。他们通过向壶中吹气制造出豹子的咆哮声。那根棍子被雕刻成豹爪的形状，用来在被他们杀死的受害者周围印下伪造的豹子足迹。那把刀子则用来切断受害者的动脉血管。

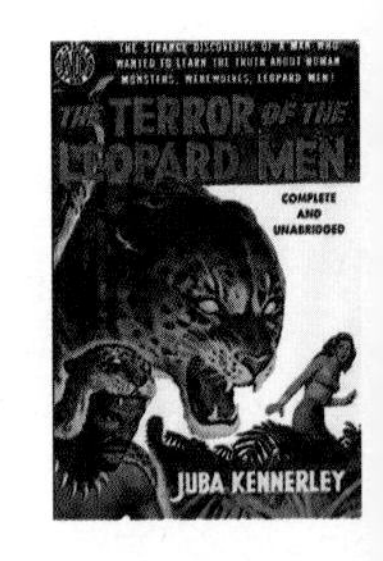

虚构文学中的豹人，来自朱巴·肯内利（Juba Kennerley）的一部长篇小说，出版于1951年。

在一些地区，豹人就跟受雇的杀手差不多，任何惹恼当地首领的村子，都会成为他们针对的目标。如此一来，他们就能帮助巩固首领对一个地区的控制。同样，他们也可以轻而易举地散布恐惧，打破一个邻近社区的日常生活，损害一个敌对首领的势力。在另一些地区，豹子邪教更多地涉及一些迷信思想，以及认为邪教信徒可通过举行某些仪式来获得超人力量的信念。在这种情况下，他们不仅像豹子那样大开杀戒，而且还会引入一些同类相食的元素。每个邪教成员都必须在其他成员面前喝下一名受害者的血，而且还会从受害者那些经过浸泡的肠子中，制造出一种据说具有魔力的特殊灵药（borfima）。

在最猖獗的时期，这些装扮成豹子的杀手会以令人毛骨悚然的方式，在杀戮中掺入越来越复杂精细的仪式。在塞拉利昂的一个地区，目标受害者通常为女孩，他们强迫她默默地顺着森林中一条特殊的小径步行。为了防止她逃跑，若干豹人会隐藏在小径两侧的矮树丛中。然后，一声可怕的嚎叫宣告某个被挑选出来实施杀戮的豹人即将突然出现。他跳到女孩的面前，用他的金属爪子一下撕开她的喉咙……

类似的场面在塞拉利昂反复出现多次，各地的版本略有不同，这种杀戮在20世纪20年代初达到顶峰。殖民政府竭尽全力禁止这种邪教，但它却只是走入地下，直到40年代仍很活跃。作为一种恐怖统治而大获成功，因为当地人相信豹人有可能变形为真正的豹子，而且几乎不可能将他杀死。只有当一位意志坚定的当地行政官员利用人类诱饵布下陷阱，并射杀了那个豹人头目后，这种邪教才开始走向衰落。证明这些邪教成员并没有不死之身，他们不过是用豹子面具和豹斑服装装扮起来的普通部落居民，而非能够致人死命的全能超自然生命，这就足以摧毁他们对部落社会的控制了。1948 年，这种邪教的头目们遭到围捕，他们中的 39 人因为其所犯的罪行而被处以绞刑。当地酋长被召集起来，到监狱里观看绞刑。然后，这些酋长回到自己的部落，向人们讲述自己的所见所闻，才终于消除了这种杀生害命的豹子邪教的神秘性。

这种邪教臭名远扬，到 20 世纪 30 年代，美国作家埃德加·赖斯·伯勒斯（Edgar Rice Burroughs）写了一部长篇小说《泰山与豹人》（*Tarzan and the Leopard Men*），以虚构的方式详细描述了这种邪教的一些细节。在那个时期典型的种族主义潜流影响下，英勇无畏的泰山需要从豹人魔掌中拯救的是一个造访当地的白人女孩。[2] 其他一些跟风的书籍和电影随之出现，不久后，在那些创作惊悚小说描绘这片“黑色大陆”野蛮性的作家中，这种豹子邪教逐渐成为一个陈腐的主题。

泰山与豹人搏斗。

第四章

猎杀豹子

Chapter Four　Leopard Hunting

在过去的数世纪里，野生豹子面临的威胁之一，是那些来到其领地上的专业白人猎手和大型动物猎人。维多利亚时代的先驱探险家们，偶尔会为了获取食物或保护自己而杀死野生动物，但把猎杀大型热带动物纯粹当作运动的观念，要到 20 世纪初才真正流行起来。然后，为了获取悬挂在家中墙壁上的战利品，人们组织了一些大型狩猎旅行队。这些旅行队不使用车辆，而是带有庞大后勤团队的徒步狩猎。后勤队伍中包括行李搬运工、帐篷服务员、民兵（武装警卫）、驯马人、背枪支的人，一整群被拉来提供支援的当地人。有些规模最大的狩猎旅行队需要雇用数百名非洲工人。1909 年，当西奥多·罗斯福总统（President Theodore Roosevelt）到非洲狩猎时，他使用了一支包括 250 人的后勤团队。他的猎获物总共有 1 100 件标本，包括 512 头大型猎物。[1] 尽管有仆从队伍在场，却仍然发生了多起事故。到了关键时刻，直接暴露在各种伤害中的却是那些白人猎手及其客户——探险家、皇室成员、政府首脑、电影明星、国际名人。根据一部有关白人猎手的历史，“数量令人惊愕的猎人在追逐猎物中死去——被动物击伤、掏去内脏，或者被决意复仇的野兽在盛怒中用长牙刺穿”[2]。

除了罗斯福总统，参与这些早期狩猎旅行队的著名人物还有温斯顿·丘吉尔（1908 年）、英王乔治五世（1911 年）、

西奥多·罗斯福和他在 1910 年左右在非洲射杀的两头豹子。

登基成为爱德华八世之前的威尔士亲王（1928 年）和厄内斯特·海明威（1933 年）。而后，还有一些好莱坞明星在影片中美化这些大型野生动物猎手，其中包括 1952 年担纲主演《乞力马扎罗的雪》（*The Snows of Kilimanjaro*）的格里高利·派克（Gregory Peck），以及在 1953 年主演《红尘》（*Mogambo*）的克拉克·盖博（Clark Gable）。

在早期阶段，殖民地当局发现自己可以从这些有组织的狩猎中赚钱。例如，在 1909 年，英国殖民政府以每份 50 英镑（在当时是一大笔钱）的价格发放东非狩猎许可证。凭借它，你有权射杀以下动物：2 头水牛、2 头河马、1 只旋角大羚羊、22 只斑马、6 只长角羚、4 只水羚、1 只扭角林羚、4 只小林羚、10 只转角牛羚、26 只麋羚、229 只其他羚羊、84 只疣猴和数量不受限制的狮子和豹子。之所以不限制猎杀的狮子和豹子数量，是因为这些大型猫科动物会杀死牲畜，因此被归入害兽一类。稍后，前往非洲的大型动物猎人的终极目标，就是猎获所谓的“五大猛兽”——大象、犀牛、水牛、狮子和豹子。据描述，目睹这些威武的丛林霸主倒在地上，是人类已知最兴奋的肾上腺奔涌时刻。在20世纪上半叶，没有人觉得这些行为异常或残酷，也没有人提出反对的呼声。在电影院里，记录大型动物猎人猎杀行动的影片对这些人的勇敢充满溢美之词，对他们面对的野蛮兽类则充满恐惧。

有个人尤其对美化这种新兴运动助益颇多，那就是美国作家厄内斯特·海明威。海明威自己就是一名贪婪的猎人，在其长篇小说中，他把那些通过追逐危险动物来考验自身的男人当作主人公。他们不得不通过体力方面的巨大冒险，并最终杀死其战利品，来证明自己的阳刚之气。在他的《在密歇根州北部》(*Up in Michigan*)、《两代父子》(*Fathers and Sons*)、《弗朗西斯·麦康伯短促的幸福生活》(*The Short Happy Life of Francis Macomber*)、《一日等待》(*A Day's Wait*)以及其他短篇小说里，那些男性人物不得不通过杀戮大型动物来找到自我。在他1938年的短篇小说《乞力马扎罗的雪》中，一头豹子在故事开头标志性地露面，是其中闻名于世的一个情节。在第一章开头之前，小说出现了如下叙述：

> 乞力马扎罗是一座高达19 710英尺（约合6千米）的雪山，据说是非洲最高峰。它的西峰被马赛人称为Nghe Nghe，意为“神之居所”。在靠近西峰的地方，有一具被冻僵的豹子干尸。没人能解释这头豹子到海拔这么高的地方寻找什么。

厄内斯特·海明威和他在20世纪30年代杀死的一头豹子。

海明威显然是把这头豹子当作一种象征，不过到底象征着什么就不得而知了。对于这一点，至今仍有争议，存在若干完全相反的解读。看起来，在海明威心里，这只动物很可能是为了逃避猎人的枪口而孤注一掷地爬上这座高山，却为此而一命呜呼。有趣的是，他这段关于豹子出现在乞力马扎罗山上的叙述是有事实根据的。在那座山上，真的有一头被冻僵的豹子。它是登山家唐纳德·莱塞姆博士（Dr Donald Latham）在1926年发现的，就躺在那座火山坑的边上，现在那个地方被称为“豹角”（Leopard Point）。莱塞姆切下那头豹子的耳朵作纪念，后来的登山者也带走一些样品，直到它最终于20世纪30年代初彻底消失。传教士伊娃·斯图尔特-沃茨（Eva Stuart-Watts）于1929年登上这座山，在其著作《非洲的神秘苍穹》（*Africa's Dome of Mystery*）中，她为这头豹子的出现提供了一种可能的解释：

乞力马扎罗山上那头被冻僵的豹子，1926 年发现于肯尼亚。

> 在顶峰附近，我们找到一具保存完好的豹子尸体，最初由坦噶尼喀政府农业部的莱塞姆博士于 1926 年在雪中发现并挖掘出来。没人能够解释是什么诱使它冒险进入这片如此寒冷而荒凉的土地；不过，有可能是一些狩猎旅行队携带的肉类的气味，吸引它随着他们的小路追踪，直到它在荒芜的顶峰遭遇一场暴风雪而死去。[3]

可悲的是，像海明威这样的人，虽然能够笔下生花，却也为一种唯恐自己写作技巧不够娴熟的深深忧惧所困扰，因此他（及其笔下那些虚构的主人公）终其一生都不得不通过杀戮威武的野生动物，来证明自己的男子气概。更可悲的是，当他在两次世界大战之间的年代写作时，大多数人都为他的“勇敢猎人”姿态而鼓掌欢呼。

直到 20 世纪 60 年代，当动物保护运动蓄势待发时，负面的评论才开始出现。出现这些声音是出于若干原因。首先，在 50 年代，人们发现，如果你仅仅携带一台照相机就去徒步追踪大型野生动物，那么你就更加勇气可嘉。如果你用照相机拍摄而非用枪支射击，你就能带回精彩的照片，毫不逊色于旧式的动物战利品。从某种程度上说，它们甚至更胜一筹，因为照片为那些真实的片刻，即赤手空拳的“摄影猎人”近距离面对其猎物的时刻，提供了视觉记录。其次，一些纪录片开始向广泛的观众展示这些野生动物的迷人风姿。你对它们的自然生活方式了解得越多，就越发难以把它们描绘成可恨的怪兽。再次，早期的猎人在他们大范围的屠杀中如此残酷无情，许多最大型的动物已经变得越来越罕见。最后，还要加上热带非洲人口的戏剧性增长，他们每20年就增加一倍，众多的市镇中心已经取代了从前的部落村庄。这些因素加在一起，逐渐改变了公众对大型动物猎人的态度。如今，他们在现代人心目中就像古董和社会中的化石，成为各种玩笑、漫画和搞笑小品嘲弄的对象，在动物权利运动中一些更极端的成员看来，猎人不仅仅是猎人——如今，他们已经接替自己的野生动物战利品，扮演起了怪兽的角色。那些勇敢的猎人装腔作势地抱着一支步枪，一只脚踏在被他杀死的动物尸体上面，摆出这种姿势拍出的典型照片，如今已被视为几乎跟中世纪一样落伍的野蛮粗俗之举。

对厄内斯特·海明威来说，幸运的是，他没有活着看到这种变化，因为到1961年，就在舆论对他的英敢猎人哲学开始产生激烈反应之时，他端起自己心爱的猎枪，装满子弹，把枪管放进自己嘴里，扣动扳机，将自己的脑袋炸开了花。猎人的启蒙者就此命丧黄泉，随之也带走了整整一个认为“猎杀野生动物才有男人味”的时代。

动物福利界给这些人贴上“道德破产的精神变态者”的标

签，到 20 世纪末，他们以为这种人终于走向了末日。但他们错了。事实上，神枪手猎人至今仍在范围相当广泛的地区继续杀戮野生动物。1972 年，美国为了根绝豹皮服装，一种几乎把野生豹子逼上灭绝之路的时尚，而禁止任何涉及豹子或豹子器官的贸易，相当于自动宣布进口猎杀的豹子战利品为非法。为了推翻这一法规，狩猎运动游说团开始了漫长的游说活动，到 1982 年，他们成功地获得进口其豹子战利品的官方许可，如今禁令仅限于商业贸易。由于他们现在面临动物权利运动成员的强烈反对，这些狩猎兄弟会不再像过去那样大肆宣扬其冒险经历了，但这些冒险仍在继续。洛 · 哈拉莫（Lou Hallamore）和布鲁斯 · 伍兹（Bruce Woods）合著了一本书——《非洲豹猎杀指南》（*CHUI! A Guide to Hunting the African Leopard*），教年轻猎人学习射杀豹子的技艺，由加州一家被称为“战利品陈列室图书公司”的机构于 1994 年出版，并于不久前的 2011 年重印。[4]

到了 21 世纪，大约有一打位于非洲热带地区的国家允许大型野生动物狩猎。它们中的每一个都从濒危动植物物种国际贸易公约（The Convention for Trade in Endangered Species；CITES）获得每年的猎杀数量配额，规定了在各自地区允许运动型猎人射杀的豹子的最大数量。下面这份汇编于 2004 年的表格，就注明了各国的配额：

博茨瓦纳	130	中非共和国	40	埃塞俄比亚	500
加蓬	5	肯尼亚	80	马拉维	50
莫桑比克	60	纳米比亚	100	南非	75
坦桑尼亚	500	赞比亚	300	津巴布韦	500

从该表格中可知，非洲热带地区每年共有2 340头豹子为供人娱乐而遭射杀。[5]到7年后的2011年，随着表格中增添了乌干达和刚果民主共和国两国，而纳米比亚、南非和莫桑比克的配额增加一倍，这个数字增长到2 653头。下面这段引自非洲一家狩猎组织的声明非常清楚地解释了这一情况：

> 在非洲可猎杀的所有“五大猛兽”中，豹子很可能是最具挑战性的……猎杀豹子已经成为一个具有争议性的敏感问题，因此我们只能在非洲的某些地区狩猎豹子，这些地方的政府当局会发布合法许可证和标签。在大多数国家，都不许使用猎犬，而其他国家则允许。不过，如果你希望进行一次非常难忘且收获丰厚的狩猎，那么使用诱饵，并使出你的全部狩猎技巧，以公平狩猎的方式来猎杀豹子，就是回报最丰厚的……重要的是，在做出决定之前，要询问具体的地区每年可猎杀多少豹子……公众中似乎存在一种呼声，声称豹子在整个非洲都处于濒危地位。这对某些国家或部分国家的某些地区来说是事实，但在其他国家和地区却并非如此，那里的豹子实际上往往是太多了。所有豹子猎杀许可证都由自然保护部根据每年的普查数据来发放……

如今，纳米比亚是默许猎杀豹子的若干国家之一。该国的一家狩猎公司以如下方式为这种做法辩护：

跟普遍的看法相反，豹子在纳米比亚并非濒危动物。但由于它们大体上属于夜行动物，很少被人看见，因此才存在这种认为它们罕见的错误观点……由于它们习性隐秘，因此在14天或21天的狩猎之旅中，如果不使用诱饵，要成功地猎杀豹子就非常困难。设置诱饵是最通行的做法，需要在黄昏时分躺在距离诱饵75码（约69米）或更远的隐蔽点等待。豹子非常警觉，往往要到完全天黑前的最后时刻才会来到诱饵所在的地方……真正的挑战是利用自己的技巧与豹子的技巧对抗，设法胜它一筹，在有充足光线射击时让它上钩。据说，猎杀大象靠脚，猎杀水牛靠胆量，猎杀狮子靠决心，不过猎杀豹子就要靠头脑了……能够带来足够静压冲击力的榴霰弹会撂倒体形最大的豹子……纳米比亚最近已成为非常流行的豹子狩猎目的地。

获得豹子猎杀许可证的现代猎人在非洲展示其战利品。

纳米比亚的一家机构提供了如下价格："豹子战利品：10 000—12 000美元。豹子诱饵：2 500美元。豹子狩猎许可证费用：1 000美元。"在津巴布韦，一个狩猎组织夸耀说："凭借高超的配额管理，我们仍然能够在每个狩猎季供应巨大的豹子……布别谷保护区（Bubye Valley Conservancy）将为2012年狩猎季供应津巴布韦最大的豹子，巨大的雄性……"他们在2014年提供为期两周的狩猎之旅，价格为15 400美元。在莫桑比克，这个价格还要更高一些："为期10天的豹子狩猎之旅，含1头豹子及猎狗若干，费用共计29 500美元。"

尽管博物学家们通过电视纪录片做出了不懈的努力，尽管动物保护活动家发动了攻势强大的公共运动，但海明威的幽灵似乎仍然在全世界的荒野地区昂首阔步，下定决心要通过高性能步枪的望远镜瞄准器而非现代照相机的长焦镜头，一窥豹子的踪影。

这份有关豹子狩猎的记述主要聚焦于非洲。印度的情况截然不同。在更早的几个世纪里，强大的印度土邦邦主会组织盛大的狩猎团，尽管主要针对凶猛的老虎，但豹子也会遭到猎捕。数量庞大的大型猫科动物遭到猎杀，其种群开始缩小。而在当时的非洲，还只存在小型的部落社区，没有这样的大规模杀戮。20世纪初，当那些著名的白人猎人在非洲变得活跃时，大型猫科动物的数量仍然充足。可是在印度，它们已经不太常见了，不过，在英国对印度的统治于1947年结束之前，这里仍有足够的数量来满足那些富有的猎人。[6]实际上，晚至60年代，印度贵族依然会举行一些大规模的狩猎活动。1961年，当英国女王与菲利普亲王造访斋浦尔（Jaipur）

土邦邦主时，菲利普就参加了一次这样的狩猎。英国媒体义愤填膺，当亲王在第二次狩猎中获得射杀更多大型野生动物的尊荣时，他陷入一种尴尬的外交困境中。如果他拒绝邀请，那不啻于羞辱其贵族东道主，但英国媒体提醒公众，菲利普亲王恰好是新兴的动物保护运动的领袖，而他已经开始变成彻头彻尾的伪善者了。（他从 1961 年至 1982 年曾担任世界自然基金会英国分会的主席。）对这个困境，一个颇具想象力的解决办法是让他扣动扳机的指头患上化脓性甲沟炎（一种脓肿），使得他无法用其猎枪开火。如此一来，射杀大型野生动物的事就不得不由皇室的其他成员来完成，而他也就能设法避免招来更多批评了。

1972 年，印度引入野生动物保护法案，印度豹子被列入表 I（获得绝对保护，违反者会受到严惩）。这意味着，从那时起，即使豹子造成了麻烦，也不能把它一杀了之，而必须将它抓住并转移到其他地方。这样的情况一直持续至今。然而，为了向远东地区出售虎豹制品，每年仍有盗猎者杀害数百头印度豹，不过这完全是违法行为。因此，尽管众多现代的非洲国家按照官方规定是允许猎杀豹子的，但在印度，这却是犯罪。

老虎仍然是那些盗猎者的主要目标，但如今它们已经如此罕见，因此豹子便不得不充当这些体形更大的近亲的替代品。《印度时报》（*Times of India*）报道：“中央调查局的野生动植物犯罪组估计，每缴获 1 张虎皮，在同一批货物中都至少有 7 张豹皮。2004 年，在喜马拉雅山区没收的一批虎豹皮中，一共发现了 31 张虎皮和 581 张豹皮。”[7]

第五章

豹子袭击事件

Chapter Five　Leopard Attacks

自从我们的物种开始在地球上演化以来，豹子就一直在杀人和吃人。有证据表明，甚至在人类正式登上历史舞台之前，当我们那些尚未完全进化成人类的祖先生活在非洲南部时，他们就是豹子攻击的猎物。在我们的一位远亲——一个产生于150万年前的南方古猿（*Australopithecine*）亚成体的头骨上，有两个被刺穿的小孔，完全与豹子的犬齿咬痕相吻合。[1]不过，一旦我们演化为智人（*Homo sapiens*），就不可能成为它们菜单上的主菜了。原因不言自明——从远古时代起，我们的祖先就在一些小型定居点安家落户，那是豹子不愿在夜间僭越的地方。如果一个孩童在夜幕降临时逛到部落村庄附近的矮树丛中，他或许会被一只开始夜巡的豹子叼走，但这样的情况一直都很罕见。在那样的远古时代，人类零零星星地分布在这颗行星上，几乎没有多少动物与他们争夺生存空间。不过，随着我们的物种变得兴旺起来，我们的数量不断增加，这种态势也开始改变了。当某些地区的人口开始爆炸时，终于出现了一个严重的问题。亚洲热带地区在这方面受到的影响最严重。随着印度庞大的人口逐渐占据该国越来越多的地盘，豹子发现自己的领地受到挤压，距离那些不断扩张的村庄、城镇越来越近。冲突不可避免，每年因豹子袭击造成的死亡人数开始上升。[2]

我们的远亲——一个南方古猿亚成体的头盖骨素描，它产生于大约 150 万年前，上面有两个小孔，与豹子犬齿的咬痕完全吻合。图中加上了豹子的下颌骨。

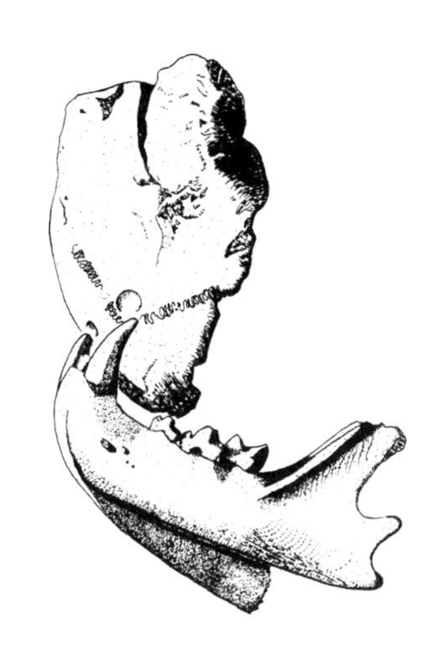

第一批此类吸引广泛关注的案例发生在 19 世纪末和 20 世纪初。早期的田野摄影师将豹子袭击的恐怖场面呈现给国际读者。其中一个例子就是印度中部冈索（Gunsore）的豹子。在一名英国公务人员 W. A. 康杜特（W. A. Conduitt）于 1901 年 4 月 21 日将它一枪撂倒之前，这头冈索食人豹杀死并吃掉了至少 10 个人。在被射杀时，它正趴在自己的最后一名受害者身上，一名来自印度休尼（Seoni）地区索姆纳普（Somnapur）村的儿童。随着 20 世纪逐渐降临，为了拯救那些容易受到攻击的村民，英国驻印部队的神枪手很快变得大受欢迎。其中最著名的此类枪手之一是吉姆·科贝特上校（Colonel Jim Corbett），他在射杀食人豹方面如此成功，有时甚至被当地人称为“萨杜”（sadhu），即圣徒。他第一次成功射杀食人豹是在 1910 年，当时他捕获并射杀了凶残的潘纳（Panar）豹子，据说被它杀死并吃掉的人数多达 400 人；不过他最大的成功是杀死可怕的鲁德拉普拉耶格（Rudraprayag）食人豹，关于那次冒险，他还写了一本畅销书。这只与众不同的豹子是个头很大的雄性，它让当地人在恐怖中生活了8年多，据说被它杀死和吃掉的人超过125名。当科贝特最终于1926年设法将它射杀后，他作为英雄而得到热烈欢呼。这只豹子实施的恐怖统治有一个特别之处：它似乎无所畏惧。不同于大多数豹子通常心怀戒心、行踪隐秘的习性，这只食人豹是一个狂暴的亡命之徒。据说它会掀掉屋门，跳过窗户，甚至扒掉泥土墙壁，将它的受害者拖出来，把他们叼走并吞噬掉。在它的领地上，没有人是安全的。人们反复多次试图用枪支、陷阱和毒药猎杀它，但全都以失败告终。最后，吉姆·科贝特接受了这项挑战，对这头如今已成为传奇动物的豹子，进行了长达10周的集中猎捕。他在1925年秋天开始其猎杀行动，最终于1926年春射杀了这头猎物。[3] 如今，在他杀死这头豹子的地点，还竖立着一块纪念碑，为了庆祝这次闻名于世的壮举，当地每年都在这里举办一次集市。

1901年，冈索食人豹在被射杀之后。当时它正抓着自己的最后一名受害者。

鲁德拉普拉耶格食人豹，由吉姆·科贝特上校于 1926 年射杀。

如今，印度每年仍然有豹子袭击事件，但它们往往发生得太突然，太快，都来不及拍摄任何照片。不过，在少数罕见的案例中，恰好现场有照相机记录下那个恐怖的时刻。有一次，在阿萨姆邦（Assam）的古瓦哈提（Guwahati），一只莽撞的豹子在一次城市袭击事件中导致一人死亡，一人受伤，然后将一名男子逼进他的自行车棚里，将他严重击伤。这头动物是在市中心一群惊慌失措的民众追击下，跑进那个人房子里的。在照片中，这名男子的脑袋上方似乎有一块假发被掀掉，但实际情况比这严重得多——那头豹子用它锋利如剃刀的爪子仅仅挥动一下，就抓掉了他的头皮。它是在那名男子试图用铁棒将它赶出家门时实施报复。最终，这只大猫被一位人力车车夫关在一所房子里，被捕获并送到了附近的阿萨姆邦动物园。那名被抓掉头皮的男子在入院治疗后保住了性命，但在这头豹子横冲直撞的过程中，一名律师同样在家中遭到攻击，最后却因失血过多而死去。

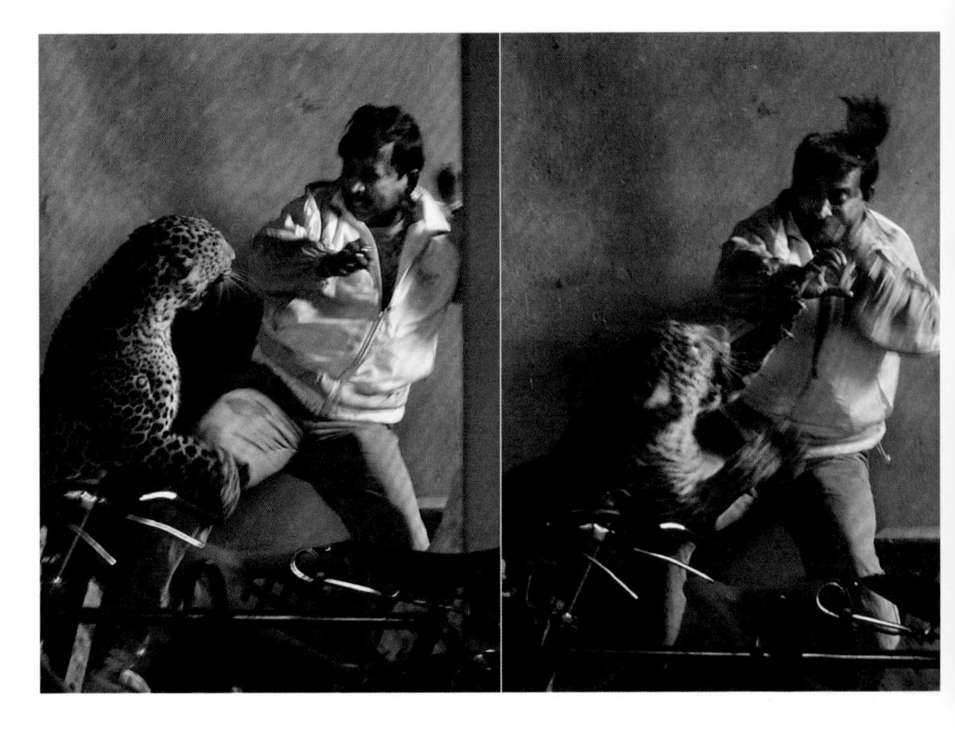

在阿萨姆邦的古瓦哈提市区，一只饥饿的豹子对人类发动攻击。

2011年夏天，一只豹子溜到印度村庄普拉卡什·纳迦尔（Prakash Nagar）。在一群旁观者的包围中，它惊慌失措，导致6人受伤，然后才被护林警卫的麻醉枪制服。后来，它在一家兽医院因为先前与村民冲突留下的伤口而死去。在2011年发生的另一起意外中，豹子在西孟加拉邦一个村子攻击人的戏剧性场面，被电影胶片记录下来。一头在该地区导致恐慌的成年雄性豹子受到林业部公务人员的追捕，他们试图将这只动物驱赶进附近一个野生动物保护区。但那头豹子并没有从现场逃跑，在感觉自己走投无路后，它发动攻击，跳到其中一名林业部公务人员背上。它用爪子扎进其身体，试图一口致命地咬住其脖子，但那个人从他站立的墙上摔了下来，豹子也跟着摔倒。然

一头豹子在西孟加拉邦的一个村庄附近攻击一位林业部公务人员。

后这只动物就逃之夭夭了，等到它被捕获时，它已经伤及6名村民、1名警察和4名林业部警卫。它被一支带有麻醉剂的飞镖制服，当局希望将它运送到一个偏远地点释放，但它却因为这次暴力抓捕中所受的伤而在几个小时后死去。

2012年夏天，一只成年的雄性豹子从附近的约普尔森林保护区（Joypore Forest Reserve）游荡出来，溜进印度村庄杜澧樋（Duliajan）的一家石油公司建筑群内。一来到那里，它就攻击了公司的几名员工，保安试图用网子捕捉它，但没有成功。印度野生动物基金会康复与保护中心的公务人员被叫来帮忙，不过，等到他们抵达时，这只动物已经导致5人受伤。兽医用一支麻醉飞镖射中它，可是在麻醉剂产生效果之前，这头已经陷入恐慌的豹子朝着当时已经聚拢的一大群旁观者猛扑过去。安保人员别无选择，只得将它射杀，到那时，它已经导致总共 13 人受伤。

在邻近的尼泊尔，同样的问题也变得严重起来。2012 年，该国的一头豹子变成了食人猛兽。当时它已经杀死并吃掉 15 人，包括 10 名儿童。它的最后一个受害者是一名 4 岁的幼儿，是它从那家人的后院里抓来的。人们在附近的森林里组织了一次搜索，不过，等到他们找到那个孩子时，它的尸体已经只剩下头部了。当地的一位生态学家在解释这头豹子为何转而大啖人肉时提出，那是因为人类的血液特别咸，豹子一旦尝过之后就无法抵制其诱惑。一种更可靠的解释认为，一旦豹子发现杀死人类幼童是多么轻而易举的事情，它就会克服自己对进入人类定居点的天然恐惧，开始将孩子一个接一个地杀死。

这些悲惨案例通常从豹子被当地的牲畜和村里的狗吸引开始。随着它们的森林家园遭到人类蚕食，其自然猎物变得日益稀少，大型猫科动物越来越频繁地游荡到人类居住地的边缘。印度一些城市的夜间录像甚至发现成年豹子普遍在夜晚巡视城市街道，打翻垃圾桶，在房屋的垃圾中寻找可供其食用的残羹冷炙。在这方面受影响最严重的城市是孟买。它是全球第四大城市，人口超过 2 000 万。有趣的是，它也是地球上野生豹子最密集的地方。吸引这些大猫的主要猎物是夜晚在孟买街道上闲逛的 150 000 只流浪狗。伦敦如今已经习惯了出现在市区的狐狸。但在孟买，出现在市区的是豹子。

随着印度人口增加到 10 亿以上，豹子的自然栖息地不断萎缩，它们袭击人类的案例日渐上升，但它在该国仍然是一种受到保护的物种。每当一个具体的问题出现，野生动植物保护人员通常采用的策略都是重新安置这些麻烦制造者。他们设置陷阱或用麻醉飞镖捕捉豹子，把它送到一个偏远的丛林中，希望它能够待在那里，转而捕食其自然猎物。遗憾的是，这样的希望往往很渺茫，因为它被释放的地方已经被其他豹子占领，后者会将新来的豹子赶走。有意思的是，豹子能够从远达 300 英里（约合 483 千米）外的地方返回自己原来的领地，因此，它们很快就会踏上回家之路，然后整个循环过程又会重新开始。

我们必须面对一个令人不安的事实：野生豹子和人口爆炸无法并存。正如博物学家罗恩·惠特克（Ron Whitaker）在最近的一部电视纪录片中所说的那样，“在整个印度，两个世界正在发生冲突。每年，有数十人被豹子杀死，然而这些大型猫科动物也有数百只死于投掷的石块、陷阱或枪口之下”[4]。“作为世界顶级捕食者之一，它们怎样在一个拥有十几亿人口的国家生存下去？”他问道。要不了多久，客观的答案就会摆在我们面前。如果目前印度的人口上升趋势持续下去，很快该国的野生豹子数量就会变得跟野狼在其曾经的原产地英格兰一样少。

跟印度比，非洲袭击人类的豹子相对较少。在一些罕见的情况下，受伤或生病的豹子或许会攻击人类，如果它觉得后者是一个容易到手的猎物；不过健康的豹子通常会远离人类居住地。甚至当它们在好奇心的驱使下搜索一座建筑时，造成的结果往往也不太严重。一个有趣的故事涉及一名养着一头宠物豹子的男子。有一天，他发现豹子出现在自己房间里，而不是像往常那样露天拴在房子后面。他捡起一根鞭子，将它从后门赶了出去，不料却发现自己的豹子仍然拴着链子，坐在地上，一如往常。[5]

第六章

作为象征的豹子

Chapter Six　Symbolic Leopards

由于豹子拥有孔武的躯体、暴躁的脾气和美丽的皮毛，它们必然作为标志、徽章、勋章、徽标、商标、吉祥物、盾徽和其他象征标志而受到利用。至少从 13 世纪起，它们就在纹章学中扮演了一个重要角色，如今，至少有 5 个非洲国家在其国徽设计中包含了豹子图案，它们是贝宁、加蓬、马拉维、索马里和刚果民主共和国。上述五国国徽中描绘的豹子身份是无可置疑的，不过，在更古老的纹章学设计中，豹子和狮子的图案却有些混淆。这是因为，早年间，纹章学中的豹子身上往往没有斑点，有时甚至还带有鬃毛。在这些情况下，要对风格化的狮子和豹子加以区分，凭借的不是其解剖学特征，而是其姿态。如果图案中的动物是跃立姿势，那它就是狮子，如果是行走姿势，且头部转向观者（这个姿势被称为“行守”，即 *passant guardant*），那它就是豹子。在英格兰，直到 14 世纪末都接受这样的区分，而在那之后，姿态上的差异就受到忽视，豹子的风头被狮子盖过了。当时的“英格兰三豹”成了“英格兰三狮”，也就是如今人所共知的那个标志，每个足球运动员都骄傲地在其衬衣上佩戴着它。如果在英王亨利三世统治时期也存在职业足球运动员，那么，他们就会在其全套装备上佩戴三只豹子的徽章。

曾经有人认为，豹子是一个杂交种，或者，就像 17 世纪

(上左图)索马里国徽。(上右图)刚果民主共和国国徽。(下左图)乌兹别克的撒马尔罕(Samarkand)市市徽。(下右图)旧式纹章学中的豹子如今成了新式纹章学中的狮子,例如在此处所示的法国吉耶纳(Guyenne)市市徽中。

的一位权威所说的那样,"豹子(leopard)是狮子(即leo)与黑豹混交所生的退化后代"。因此,有时它在纹章学中被用来暗示,该头衔的首位拥有者是一个私生子。据说,在1195年之后,"狮心王"理查的盾徽上就带有三只金色的豹子,因为其祖父"征服者威廉"作为诺曼底公爵罗伯特一世(Robert I)与其情妇埃尔雷瓦(Herleva)的非婚生儿子,而被广泛地称为"私生子威廉"。

1992年,作为俄罗斯联邦的一部分,鞑靼斯坦共和国(the Republic of Tatarstan)在其官方国徽中采用了一只举起右前爪的带翼豹子,它背着一块盾牌,并展示了7支羽毛,背景是一轮圆圆的太阳。之所以选择带翼豹子,是因为它在古代据说是生殖力的标志和儿童的保护神。在其国徽中,豹子成为该共和国公民的保护神,而那张盾牌则赐予他们安全。乌兹别克斯坦的撒马尔罕市市徽与之非常相似,只不过在这里,那只带翼狮子为行守姿态(扭头直视观者),而天空中有一枚蓝色的七角星。

由于豹子的速度、智慧以及健壮的体魄和肌肉发达的力量，它已经成为体育团队中公认的流行标志。这里仅举数例：美国加州拉文大学（the University of La Verne）的体育运动队被称为“豹队”；以林波波（Limpopo）为基地的南非足协（South African Association Football）球队被称为“黑豹队”；拉法耶特大学（the Lafayette University）的体育运动队自从 1927 年以来就被称为“豹队”；“亚特兰大豹子”（The Atlanta Leopards）女子足球队是参与美国国家女足联盟（the National Women's Football Association）比赛的一支球队；位于肯尼亚内罗毕的阿巴卢西亚足球俱乐部（The Abaluhya Football Club）被简称为 AFC 豹子，是一个成立于 1964 年的职业足球俱乐部；而东莞新世纪烈豹（现称“深圳新世纪烈豹”）则是一支属于中国篮球联赛的职业篮球队。

两支以豹子作为标志的体育运动队，分属于加州拉文大学和宾州拉法耶特大学的“豹队”。

莱兰巴士以豹子作为标志。

在交通领域，豹子的力量也使得它偶尔被用作标志，不过跟无所不在的猎豹标志相比，它却有些黯然失色。美洲虎轿车已经成为一个偶像式的全球品牌，在类似的背景中使用豹子作标志，看起来就像对它的拙劣模仿。不过却有两个例外：其一为莱兰巴士，一种广受欢迎的单层巴士；其二为“尼桑豹子”，一种豪华的运动型轿车，由这家日本汽车制造商生产于1980—1999年。

以豹子作为商标，还有一个更晚近的例子，那就是苹果公司于2007年推出的Macintosh苹果电脑操作系统，被称为Mac OS X豹子系统（版本10.5）。根据苹果公司的说法，跟此前的老版本相比，“豹子”系统增加了300个以上的扩展。两年后，它又推出一个新的版本，叫Mac OS X雪豹系统（版本10.6）。“雪豹”系统的目的是凭借更强的性能、更高的效率和更好的稳定性，超越已经令人难忘的“豹子”系统。采用这一名称是表示其目标是成为“豹子”系统的升级版。

不过，在以豹子作为标识的机构中，最著名的并非商业组织，而是政治组织。那就是1966年建立的黑豹党（Black Panther Party for Self-Defense），它是产生于美国黑人权力运动的一个激进组织，以其极端主义的观点而蜚声国际。黑豹党誓称其目标是保护黑人社区免遭警察暴行的威胁。在该党的标识中，那只黑豹伸出锋利的爪子扑向观者，其凶猛的力量确凿无疑地表达了这些黑人活动家对白人压迫者的态度。

20世纪60年代美国黑豹党的标识。

在一个更温和的领域，邮票以豹子作为主题通常都非常令人失望。在大多数情况下，这种动物以自然主义的方式，被刻画得很不专业，色彩平淡，几乎没有什么视觉冲击力。仅有的少数例外差不多都采用彩色照片而非绘画，而且表现的焦点集中到豹子的头部区域。

一张颇有视觉冲击力的英国邮票，于2011年发行。

第七章

作为装饰的豹子

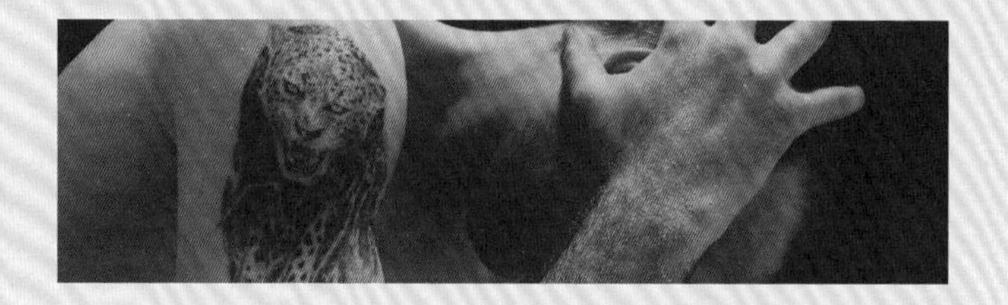

Chapter Seven　Decorative Leopards

豹子美丽的皮毛给它带来了灭顶之灾。这本来是作为伪装进化而来的，目的是让这种动物能够在视觉上打碎其庞大的身形，从它的猎物面前隐身；然而一旦脱离生存环境，这种图案就戏剧性地从隐身转变为惹眼的炫耀。结果，数世纪以来，豹子仅有的一种真正捕食者——人类——便以此作为装饰性服装的来源，而对它们加以残害。在从非洲部落首领到好莱坞电影明星，从欧洲女王与王后到滑稽戏剧舞蹈演员的广泛社会阶层中，豹皮袍子都作为上流社会的服装而盛行一时。任何希望让自己显得威权赫赫、具有异国情调或富得流油的人，都用不幸的豹子那无可争辩的迷人皮毛装饰自己。在威胁到野生豹子生存的各种因素中，再没有比这种服饰占有欲更具毁灭性的了。

作为华丽皮毛的来源，野生豹子种群遭遇的第一波侵袭，来自非洲南部祖鲁族部落控制的地区。在那里，部落酋长在节日庆典中身穿豹皮披风是一种习俗。如今这样的做法仍在继续，南非谢姆贝浸信会（Shembe Baptist Church）的成员也采用了这一祖鲁族传统，在宗教庆祝活动中身着豹皮。虽然南非规定豹皮贸易为非法，但作为该国总统的雅各布·祖玛，甚至也在他最近的一次结婚典礼中追随这一时尚。炫耀豹皮服饰居然具有这么不可抗拒的吸引力。在仪式典礼中采用豹皮南非总统雅各布·祖玛在2012年身着豹皮参加婚礼。

服装的并非雅各布·祖玛一人，就连已故的纳尔逊·曼德拉，作为一位开明的圣徒，也被说服在特殊场合采用这种形式的服装，例如2004年，当科萨国王向他授予一项古老的部落荣誉时就是如此。那是两个世纪以来首次颁发这一特殊荣誉，曼德拉获得了一件豹皮服装，作为“科萨人和非洲大众对他表示感激的标志，因为是他将他们从殖民主义的压迫和束缚中解救出来”。

在重要的典礼仪式上，廉价的人造豹皮是不可接受的。对于他们庆祝的部落或宗教信仰，那将被视为一种侮辱。不过，为了弥补这一不足，豹类保护者正试图制造出在细节方面能够以假乱真的人造皮革，让人无法从远处看出它是假豹皮来。他们一直在与数码设计师合作，创造出仿真效果准确得足以在典礼上使用的人造豹皮。如果他们的策略失败，那么非洲南部的豹子将在相对较短的时间内灭绝。这里的豹子只剩几千只了，而不断扩大的南非浸信会如今已有超过500万名信徒。

（左页图）身穿典礼服装的纳尔逊·曼德拉。

早年间，当英国陆军活跃于南非时，有些军官注意到当地的非洲黑人鼓手能够敲打出生动的节奏，于是吸收了他们中最优秀的成员进入军乐队服役。晚至1899年，在英国皇家燧发枪团的军乐队中，所有鼓手都是非洲人。后来，随着这些黑人鼓手被本国培养的白人鼓手取代，他们与往昔非洲之间的联系，便通过低音鼓鼓手穿着仪式性豹皮的形式来维持。每个鼓手都穿一整张豹皮，中间开一个圆洞，这样豹皮的身体和尾部就垂挂在鼓手前面，而其头部区域则挂在鼓手后背上。这一传统如此根深蒂固，即使到最近这些年，他们也仍然坚守不辍，而这不可避免地与现代人对身穿动物真皮的态度冲突。当黑衫警卫团（Black Watch Regiment）开始到美国巡回演出时，他们知道美国海关会没收任何真正的豹皮，于是为了避免惹上麻烦，他们带上了人造豹皮。从远处看起来，它们十分逼真，但是如果有人靠近了仔细看，就会看出它们是假的来。

在加拿大，卡尔加里高地团（the Calgary Highlanders）的鼓手一直都穿着真正的豹皮，但他们也决定改用某种不太具有争议性的服饰。20世纪80年代后期，他们采用北美洲黑熊皮毛。黑熊在该国很常见，因此不会激起动物保护主义者的抗议，而且从那些不小心被车辆撞死的黑熊身上，军团就能获取足够的皮毛来满足自身的需求。

以豹皮作军队装饰品的另一个例子来自印度，过去英军曾经驻扎在该国，而且这里也有野生豹子。同样，这里的军乐队鼓手也骄傲地身穿豹皮，把它当作一种精美的仪式性制服。鼓手们指出，穿这种皮毛除了象征意义外，还具有一个实际作用。它们可以保护军鼓，以免被军服上的纽扣划伤，同时也可避免军服的短上衣与低音鼓摩擦。当然，任何皮革围裙都可发挥这样的功能，因此，在此特意使用豹皮，显然也是这些军人宣示其野蛮力量的方式。

身穿豹皮的印度军乐队鼓手。

当时，上流社会还没有喜爱上这些具有异国色彩的豹皮服装。在民间，首批大胆在公开场合穿上豹皮衣装的人士之一，就是那位放荡的赛车手威廉·布罗考（William Brokaw）。在1904年的范德比尔特杯汽车大奖赛（Vanderbilt Cup Race）上，他曾拍摄一张照片，显示他坐在自己那辆令人印象深刻的汽车方向盘后面，十分招摇地穿着一件豹皮外套。一位评论者在写到那场赛事时说："真正鹤立鸡群者是那个'穿豹皮大衣的人'。"据说，布罗考作为社交名流中的花花公子，就是那个虚构人物"了不起的盖茨比"在现实生活中的原型。此后不久，张扬的时尚女性们就开始跟上这种新奇的潮流了。1910年，在诺克斯帽业（Knox Hats）的一份广告上，就有一名头戴该品牌帽子的女性穿着一件黑领豹皮外衣，几年后的1914年1月，就在一战爆发前几个月，《女性家庭杂志》（*Ladies' Home Journal*）也大胆地选择了一件拖地豹皮大衣作为其封面图片。

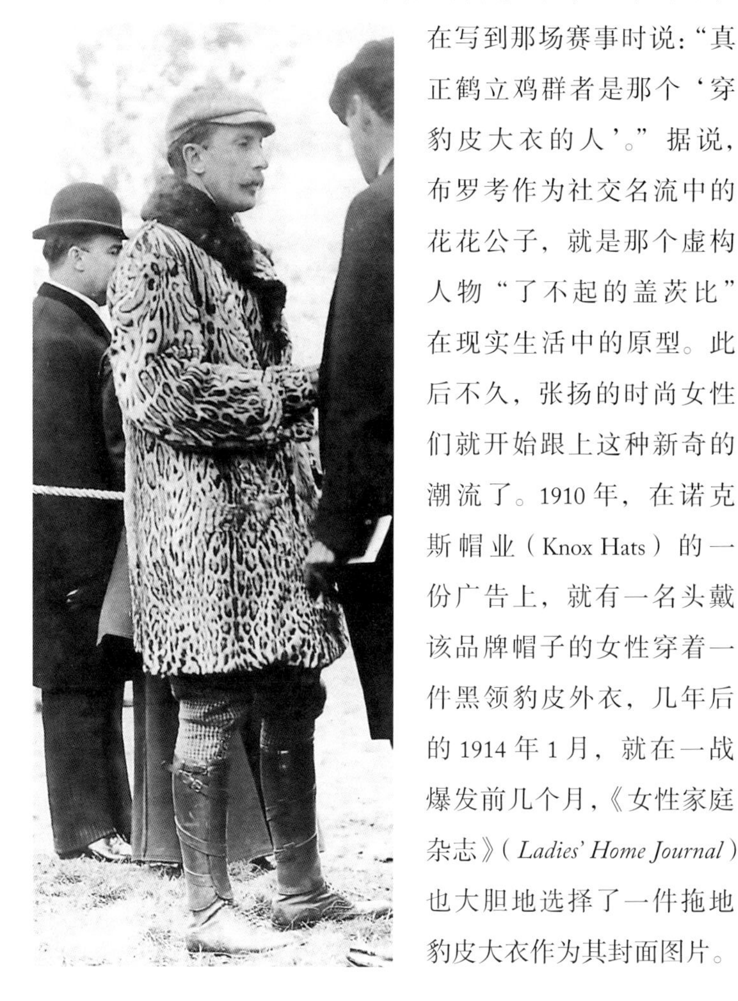

大约1904年，威廉·布罗考穿着一件华丽的豹皮大衣。

在喧嚣的20世纪20年代，好莱坞发现了豹皮外套，到了30年代和40年代，若干电影女明星就穿着这种令人惊叹的新服装——它被塑造成奢华时尚的顶点——小心翼翼地摆好姿势，拍摄宣传照片。仍然没有任何迹象表明杀豹夺皮以缝制这种奢侈衣袍是错误的，也没有人批评这些女演员身穿动物皮毛。公众对此只有两个反应——羡慕和嫉妒。

在这一阶段，服装业对野生豹子种群的破坏还不太严重。只有好莱坞的主要女演员才敢穿如此具有异国色彩的服装。上流社会仍然不愿以这种方式“模仿土著人”。然而，到20世纪30年代末，时装杂志开始暗示豹皮是富人新奇时尚中的最

20世纪20年代末，好莱坞明星贝蒂·戴维斯（Bette Davis）穿着豹皮大衣拍摄宣传照片。

新事物，如果不是因为二战于1939年爆发，这一潮流有可能加快发展。战争摧毁了这种时尚，而战后的服装又过于简朴，不可能青睐这样明目张胆的挥霍无度。

直到20世纪60年代，豹皮才真正开始狂热地流行起来。那是一个自信而繁荣的时期，炫富不再被视为低级趣味。当有权有势的女性开始穿着精心剪裁的豹皮衣昂首阔步时，希图拥有这种服装的渴望就像野火一般燃遍了时装界。在60年代初，光彩照人的美国第一夫人杰奎琳·肯尼迪、英国女王以及好莱坞影后伊丽莎白·泰勒（Elizabeth Taylor）全都穿着这种令人兴奋的新时装拍摄照片。然而，如果知道自己的行为会对野生豹子种群造成怎样的冲击，她们是否还会穿这样的外套就值得怀疑了。到60年代末，为了满足时装界的这一需求，人们对豹子大肆杀戮。在1968年，单是进口到美国的豹皮就有9 556张。要缝制一件大衣就需要多达8张豹皮，很快，这种猫科动物就变得如此罕见，动物学家开始警觉起来，如果这一时尚继续持续下去，这一物种的未来将岌岌可危。

在1952年11月的一个寒冷日子里，年轻的英国女王伊丽莎白二世穿着一件豹皮大衣来保暖。

纽约设计师奥莱格·卡西尼（Oleg Cassini）再度点燃了这一狂热，他建议杰基·肯尼迪（Jackie Kennedy）不妨大胆尝试一下豹皮大衣，因为这种风格已经沉寂了一段时间。她乐意一试，由于她是当时的时尚偶像，人们立即开始疯狂地模仿她。据估计，在 20 世纪 60 年代，为了满足这一热潮，总共大约有 250 000 头豹子遭到猎杀。当卡西尼意识到自己造成的恶果后，他感到非常震惊，于是开始生产用人造纤维制造的假豹皮，希望人们能够把它作为替代品来接受。

幸运的是，正是在 20 世纪 60 年代，现代动物保护运动开始启动，而这主要归功于英国艺术家兼博物学家彼得·斯科特（Peter Scott）的努力。这意味着舆论可向政府施加压力来控制这种杀戮。1969 年，美国国会引入了一部动物保护法案，禁止进口豹子的某些珍稀亚种。它虽然用意良好，却依赖于

杰基·肯尼迪。

能够分辨不同豹子亚种的海关官员来执行。既然他们无法做到这一点，豹皮贸易就继续不受阻碍地进行下去，直到国会于 1973 年引入一部更严格的保护法案，禁止所有豹皮的进口，这种贸易才最终停止。从那以后，任何人在美国出售豹皮真皮服装都将面临高达 100 000 美元的罚款，甚至可能身陷囹圄。在世界的其他很多地区，这项禁令并不适用，但两个因素有助于减少这种屠杀。首先，如今野外存留的豹子数量已经如此稀少，一张豹皮的价格简直就是天文数字。同样，由于新兴的自然保护文化潮流，身穿任何种类的动物毛皮大衣都变得越来越难被接受。一些胆敢穿着毛皮大衣出现在公共场合的富有女性甚至遭遇了一些意外，衣服被愤怒的动物保护激进分子泼上颜料，不久后，世界各地的裘皮大衣就逐渐闲置在衣橱里了。时装界时不时地试图恢复人们对它的兴趣，但几乎无济于事。取而代之的是，人造毛皮和豹纹印花图案变得越来越流行。这种迷人的斑点以多多少少有些抽象的方式，成为一种普遍的时尚设计，显而易见，在其制作过程中，不会导致任何动物死亡。印有豹纹图案的围巾、女装和泳衣依然流行，不过它们已经失去了迷人的魅力，现在有时甚至被时装界视为粗俗，因为喜爱它们的是流行歌星、肥皂剧女演员和性感女优。多年来，朱莉·古德伊尔（Julie Goodyear）在肥皂剧《加冕街》（*Coronation Street*）中饰演浮华庸俗的酒吧女招待贝特·林奇时，都表现出对豹纹斑点图案的强烈喜爱，她凭一己之力，设法将这一主题拖到廉价次品之列，看起来它可能已经无法东山再起了。在个人生活中，她献出大量时间来拯救被抛弃的猫咪，这似乎也颇为适宜。

在电视剧《加冕街》中，庸俗的酒吧女招待贝特·林奇穿着自己的豹皮大衣。

甚至男性也会采用这种时尚主题。一名生意人穿着豹纹斑点的服装到办公室或许需要勇气，但在娱乐业，有些最浮华的人物就以如此衣着登上舞台表演而闻名。声名狼藉的摇滚明星伊基·波普（Iggy Pop）就是一个著名的例子，在20世纪70年代，他以自己的豹头皮夹克而知名。他夹克后背上那只大猫张嘴咆哮的狰狞面孔，跟其乐队的专辑《原始力量》（*Raw Power*）倒也十分相配。这件夹克号称“摇滚乐历史上流传的偶像形象”，在1998年被一名收藏家以2 000美元的价格买走，而这位收藏家感觉自己有必要称之为“摇滚乐中的都灵裹尸布”。

在21世纪，高级时尚女装重拾豹纹图案。

当这样一些庸俗的炫耀服饰出现时，高级时装界却将目光转向了别处。不过，由于豹纹图案固有的美，高级女子时装拒绝将它彻底抛弃。即使到今天，它也依然会不时浮现，只是不再以真皮的形式。博物学家克里斯蒂安·德雷克（Christian Drake）在论及豹纹图案的持久魅力时表示，他相信“有一种感觉让我们挥之不去：某种东西指引我们偏离了自己作为人猿的真正身份，而用豹纹图案装饰自己，会让我们回想起我们这个物种与野生动植物的纽带，以及我们与它曾经的亲密关系”。

女性化妆品领域是豹纹斑点图案未能风靡一时的一个装饰类别。原因非常简单——化妆是为了消除而非制造斑点。结果，豹纹风格的化妆就局限于异国特色的古怪癖性，而带有豹纹斑点的面部化妆几乎完全局限于儿童的奇装异服派对。这种斑点图案在化妆中获得一定成功的唯一部位是指甲。最

豹皮图案的美甲。

近这些年，现代美甲已经变得越来越精致，时髦的图案往往取代平淡的色彩，而豹纹指甲作为一个新奇项目小获成功。

跟美容厅相比，豹子在文身师的营业室里享受到更大的成功。一般来说，最受文身师青睐的主题是展示爱或力量的形象。豹子令人难忘的强健力量，吸引了很多准备在文身师针尖下忍受疼痛的人。大腿、后背和肩膀是豹子文身最流行的位置，而肩膀又是其中最受喜爱的。这个主题存在三种基本的变体——栩栩如生的豹头、这种动物的整个身体以及一片斑驳豹皮的特写。考虑到文身师在工作中使用的媒介，从解剖学上说，通常豹头都纹得非常准确。一片豹皮的特写创造出一种离奇的感觉，仿佛这种文身者的肩膀真的变成了豹子的部分身体，让人产生一种强烈的欲望，想去抚摸一下那块皮肤，弄清楚它摸起来是什么感觉——这或许也是它作为文身的一部分魅力。如果就豹子文身设计而咨询文身师的意见，他们就会提出一种特殊图案，来说服顾客相信这个主意不错。他们说，豹子是力量、勇猛和能力的象征，也是母性温柔的象征。然后又补充说，作为一种文身主题，它是文身者个性的重要体现，因为它象征着勇气和个人领导力。对于这种颇具说服力的推销广告，很多人都会屈服于它的原始吸引力。尽管大多数豹子文身都位于四肢或躯干上，但也有少数勇敢的怪咖把焦点放在身体的若干末端上——手脚甚至头部。跟那些通常精心隐藏于衣物下的躯体文身不同，这样的豹纹图案只能通过穿戴鞋袜、手套、帽子或围巾来掩盖，而头部的文身尤其会造成一种怪异的外观，必定使得普通的社交生活难于开展。

但有一个人却将豹子文身发展到极致，他就是汤姆·伍德布里奇（Tom Woodbridge），自称“豹子汤姆”，在斯凯岛（Skye）上过了20多年的孤独生活。尽管苏格兰气候严酷，但在那里，却有人看到他赤身裸体地在乡间奔跑，经常是四肢着地，而他身上几乎全部覆盖着豹纹文身。不可避免地，汤姆被称为“豹人”，但不能把他与非洲杀人成性的豹人混为一谈，后者曾经让某些部落社会生活在恐怖之中。汤姆曾在军队服役，在给自己的整个身体表面覆盖上文身之后，他抛弃了人类社会。在他身上，豹纹周围的皮肤都覆盖着金色的文身颜料，除了少数缝隙，例如脚指头之间和耳朵里面的皮肤，他体表的每一寸肌肤都纹上了豹纹。甚至他的眼皮也纹上了豹子眼睛的图案，当他闭上自己真正的眼睛时，那双豹眼就会凝视着你。他甚至不惮麻烦地在口腔内植入特殊的牙齿，从而创造出食肉动物那样的咆哮。据估计，他体表99.2%的面积都覆盖着文身图案，使得他成为全世界文身面积最大的人之一。如今汤姆已经70多岁，他不再过着艰苦的生活，但仍然拒绝听收音机或参与任何形式的社交活动。他不仅看起来像豹子，而且也过着豹子那样的孤独生活。

豹子图案的文身，展示了一头在解剖学上相当精确的豹子形象，看起来栩栩如生。

带有豹纹文身的“豹人”在苏格兰西部的斯凯岛上。

除了人体，很多无生命的物体，从椅子到鞋子，从手链到项链，甚至汽车，也同样覆盖着装饰性的豹子图案。在那些豹形小物件中，有一件珠宝特别值得一提。那是一条钻石手链，曾经装饰着沃利斯·辛普森（Wallis Simpson）纤细的手腕，是其夫温莎公爵送给她的礼物，为了与她共度余生，他放弃了身为爱德华八世的王位。这条由卡地亚设计的手链是珠宝商让娜·图商（Jeanne Toussain）于1952年在巴黎制作的，上面覆盖着缟玛瑙和钻石，还有一双闪烁的翡翠眼睛。2010年，苏富比拍卖行以452万英镑的价格在伦敦将它拍卖，使得它成为全世界最昂贵的手链。买家隐姓埋名，不过据传言是麦当娜，当时她正在拍摄沃利斯·辛普森的一部传记片。沃利斯·辛普森还有另外一件装饰着豹子的珠宝，有些人认为它甚至比那条闻名于世的手链更漂亮，是一枚镶嵌着钻石和蓝宝石的豹形胸针，同样由卡地亚设计，是她在1949年获得的礼物。它表现一只豹子跨骑在一轮蓝色的月亮上，月亮本身是一块浑圆的星彩蓝宝石，依照其天然形状打磨而成，重达152克拉。

2012年，在中国常州汽车博览会上出现的豹纹轿车。

沃利斯·辛普森戴过的铰接豹形手链，由卡地亚设计。

另外还有很多受豹子启发制作的装饰品，价格没那么昂贵，从精美到俗丽皆有。很多装饰着房间角落的豹形小瓷器都接近丑陋，不过也有少数设法捕捉到一些特别的魅力，还算对得起豹子的名声。出于一些奇怪的原因，有一个特别的物品类型似乎对豹子形状很有吸引力，那就是茶壶。它们中有一些形状简单，只是表面覆盖着经典的玫瑰花形豹纹而已，沃利斯·辛普森的豹形胸针，装饰着钻石和蓝宝石。

但还有一些就更加复杂了，可能包括一些模拟的豹子元素，让它们得以激起收藏家的好奇心。有一把特别的茶壶是南非制造的，售价格外高昂，被故意设计得有些猥亵，让茶水通过这只动物竖立的阴茎倾倒出来。这把带阳物的豹子茶壶有一种迷人的执拗，作为一件小型艺术品，让它从所有其他受豹子影响的小玩意儿中脱颖而出。

对豹形茶壶的怪异崇拜。现在还不清楚豹子与茶之间有何联系。

对很多西方人来说，使用这种斑点图案，不过是运用一种具有视觉吸引力的装饰罢了，但在远东地区，它却具有更深层次的含义。据说，在物体表面画上豹子主题的图案，能够驱走邪恶的幽灵。在古代中国，人们相信，把头放在一个豹纹枕头上，就能保护睡觉的人免受噩梦搅扰，因为它能够阻挡邪恶力量。这或许可以解释为何现在能够买到整套的豹纹床上用品，包括枕头和床单。对这种形式的卧室装饰来说，唯一的不足是，它看起来如此可怕，因此有可能把睡觉的人也一并驱走。

但在卧室里使用豹纹图案并不是最怪的，有一位怪异的美国房主走得更远。在他位于芝加哥罗杰斯公园附近的家中，他采取了一个别致的步骤，为其住宅的整个外墙装饰上豹纹图案。显然左邻右舍对此并无怨言，他们只是发现它有一种奇怪的吸引力。尽管如此，这样的房屋粉刷风格并没有流行开来。

芝加哥罗杰斯公园附近的豹纹住宅。

或许对豹纹图案最怪异的运用是在灵柩上面，这种潮流从 20 世纪 60 年代末开始盛行，当时尤其受到波希米亚运动中的女性青睐。在这里，它或许也跟那种把豹纹图案当作阻挡邪恶幽灵的保护措施遥相呼应，为坟墓中的死者充当守护之灵。有些灵柩上面还会覆盖着动物皮革，不过它们的象征作用却因灵柩上的一份声明而略有降低："此处所用皮革均由牛皮制造，未使用任何异国或濒危动物毛皮。"

但在一个案例中，豹纹图案却表达出略微不同的象征意义。一位年轻的母亲，试图从一个肇事逃逸的司机轮下救出自己的孩子们，在她因此而惨死之后，她被埋葬在自己最喜爱的豹纹图案里。在这里，同样是对幼崽 / 幼儿的强烈母性，以及飞快的动作，使这位母亲与这种动物建立起联系。

一位年轻母亲的葬礼，其灵柩上印着她最爱的豹纹图案。

第八章

美术中的豹子

Chapter Eight Leopards in Art

尽管豹子在装饰艺术中备受青睐，但在美术界它的受欢迎程度就没那么高了。跟其他许多偶像动物相比，它出现的频率要低得多，不过也有一些描绘豹子的作品值得一提。

中世纪动物寓言集（12 世纪和 13 世纪）

在 12 世纪的动物寓言集里，豹子以颇有戏剧性的面貌出现，当时人们对它知之甚少，它几乎就是一种幻想中的动物。有时，它确实拥有大名鼎鼎的斑点皮毛，但偶尔也会付之阙如。它可能会有鬃毛、蹄子、尖尖的舌头、长长的角，尖耳朵甚至鲜蓝色的毛皮，具体取决于各种动物寓言集作者的想象。显然，没有人跟他们说到古罗马那些根据第一手资料创作的豹子马赛克，以及古罗马人利用输入的野生动物进行的角斗比赛，那一切在数世纪之前就已消失。因此，动物寓言集的插图画家能够依据的，只有少数荒诞无稽的传言和传说。奇怪的是，其中一种传说涉及豹子的呼吸，据说它具有特别令人愉快的气味：

当黑豹吃饱肚子后，它就会躲藏在巢穴里呼呼大睡。三天后，它再次醒来，发出响亮的打嗝声，这时它嘴里会散发出非常甜美的气息，就像甜胡椒的气味。当其他动物听到这声音后，就会循着甜香的气味，来到它所在的地方。但只有龙，在听到这声音后，会在恐惧的折磨下，逃进自己的地洞。在那里，因为无法忍受这种气味，它变得麻痹迟钝，迷迷糊糊，一动不动，就像死了一样。[1]

读到这里，如果你觉得12世纪动物寓言集里的黑豹与真正的豹子毫不相干，而只是一种像龙那样，完全出自想象的传奇动物，那也是情有可原的，不过事实并非如此。当那部动物寓言集的作者对这种动物做出如下描述时，他在谈论的显然是豹子："黑豹是一种全身布满小斑点的动物，因此，从它黄褐色皮毛上的圆圈，以及黑白的斑点，就可以分辨出它来。"[2]

根据中世纪的动物寓言集，豹子嘴里散发出的甜美气息会吸引其他动物。

追根溯源，认为豹子嘴里散发出甜美气息的观点，可能来自老普林尼（Pliny the Elder）的著作。他在自己那本成书于公元1世纪的《自然史》（*Natural History*）里写道：

> 黑豹拥有淡色皮毛，但其上有眼状斑点。它们奇妙的气息会吸引所有四足动物，但其狰狞的头部会吓跑那些生灵。因此，为了捕捉猎物，当黑豹用自己的气息将猎物吸引到近在咫尺之处时，就会把自己的脑袋隐藏起来。[3]

所以，豹子的甜美气息并非出自动物寓言集作者们的杜撰，而只是抄袭了一位本应该更了解这种动物的古罗马作家。

当普林尼撰写其著作时，罗马仍在进口野生豹子用于角斗比赛，因此，他应该对它们拥有第一手的经验知识，但当时的环境很可能对他不利。那些悲惨的动物，因为捕捉和运输过程而承受着巨大的压力，即使普林尼能够接近它们，作为研究对象，它们肯定也没有多大用处。普林尼仅有的信息来源，很可能只是那些用陷阱捕捉它们并将它们带到罗马来的猎人。为了成功地捕捉到狮子、豹子和非洲的其他野生动物，这些人肯定对这些物种的习性有所了解。他们可能观察到，尽管其他大型掠食动物通过追逐来捕捉猎物，豹子却隐藏在矮树丛中伏击其受害者。换言之，豹子会将其面部隐藏起来，让猎物朝它靠拢，而不是追逐后者。普林尼似乎误解了“猎物朝它靠拢”的意思，以为被捕食者是受到了豹子的吸引，而非简单地溜达到豹子藏身的地方。如果它们是受到强烈的吸引，那么就必须杜撰出理由来解释豹子的吸引力。由于这个捕食者是隐而不见的，因此唯一可能的解释只能是——它一定拥有迷惑性的气味。在普林尼的那个版本中，这个杜撰出来的理由是用来解释其捕食方法的，可是等到动物寓言集的作者们重写他这段文字时，捕食行为就被忽略了，剩下的只有豹子的甜美气味吸引着“除了龙之外的其他所有动物”。这跟事实相去甚远，但至少我们有可能看到，中世纪动物寓言集中幻想的豹子，是怎样从野外的真实豹子中产生的。

在一些早期的动物寓言集里，豹子象征性地化身为耶稣基督，而龙则化身为魔鬼。这种转化的思路如下：豹子在其巢穴里睡了三天，然后醒来，因为它嘴里散发出的甜美气息而被其他动物追随。这被解读为基督死去三日后从坟墓中复活的寓言，由于他遍布世界的馨香至德，而吸引了全人类的追随。只有作为魔鬼的恶龙惧怕他，急急忙忙地躲进地狱里。[4]

《修道院启示录》（1300—1325）

早在14世纪，豹子就在《修道院启示录》（*Cloisters Apocalypse*）中以不同寻常的方式现身，变形为一个七头怪物。这本书的第33页描绘了三种幻想动物，被称为龙、野兽和伪先知。污秽的幽灵变成青蛙的形状，从它们嘴里冒出来。野兽被描绘成豹子的身体，原因有些复杂。在《圣经·启示录》13:2节中，提到那种野兽的文字如下：

我所看见的兽，形状像豹，脚像熊的脚，口像狮子的口。那龙将自己的能力、座位和大权柄都给了它。

那头怪兽复杂的身体构造，跟它作为反基督教力量联合体的象征意义有联系。它身上的豹子元素据说可追溯到亚历山大大帝的王国，以及亚历山大以豹子那样不可思议的速度和猎杀能力征服其邻国的观点。当那头豹子似的野兽最终“活活地被扔在烧着硫磺的火湖里”（《启示录》19:20），结果获得胜利的就是基督教。

根据一本 13 世纪中期的启示文学，《圣经 · 启示录》中拥有七个头的怪兽其实是一只豹子。

贝尔纳多·戈佐利

在佛罗伦萨艺术家贝尔纳多·戈佐利（Bernardo Gozzoli，1421—1497）的《三贤士之旅》（*Journey of the Magi*）中，包含了一些有趣的细节。他描绘了两只带有斑点的猫科动物，一只坐在其主人后面的马背上，另一只站在地上，脖子上戴着牢牢的项圈，被它那位鞋上带有尖锐马刺的看护人用绳子牵在手中。这第二名男子的左脚踩在马镫里，仿佛他正准备上马或下马。戈佐利专注于细节，向我们表明这两只猫科动物属于不同的物种，因为马背上那只就像猎豹一样，身上是圆圆的黑色实心斑点，而站在地上那只则是豹子所特有的玫瑰花瓣形斑点。这个细节非常重要，因为乍看之下，两只动物修长的体形似乎说明它们俩都是猎豹。那些玫瑰花瓣形的斑点暗示这两个物种都被用于狩猎，尽管这通常是猎豹扮演的角色。

拴在皮带上的豹子，贝尔纳多·戈佐利的《三贤士之旅》，作于 1459 年。

扬·凡·德·施特雷特

扬·凡·德·施特雷特（Jan van der Straet，1523—1605）尽管出生于布鲁日，却在早年移居佛罗伦萨，在这里，他因其描绘狩猎场景的绘画而闻名。这些作品如此流行，它们被制作成版画，广泛传播。在他的两幅有关罗马角斗比赛的习作中，他富于想象力地表现了用陷阱捕捉野生豹子的情景，以及其中一只被捕获的豹子从它在罗马圆形竞技场中心区域的

（左页图）扬·科莱尔特（Jan Collaert）根据施特雷特的作品《捕捉豹子》（*Capturing Leopards with the Help of Nets and Cages Baited with Mirrors*）制作的版画，是为安东尼奥·滕佩斯塔（Antonio Tempesta）1627年的狩猎论著《论狩猎：野兽、鸟类与鱼类》（*Venationes ferarum, avium,piscium*）所作的插图。

笼子里逃出，却被罗马皇帝康茂德（Commodus）用弓箭射杀的一刻。在他的作品中，丝毫没有表现出对那些豹子的同情。它们被简单地塑造成猛兽——“凶猛的野兽”。

扬·凡·德·施特雷特描绘的诱捕方法，表现了设置网子和在一个利用镜子作诱饵的笼子中诱捕豹子的情景。后一种方法纯粹是虚构。在现实中使用的方法有两种——使用网子和陷阱。网子是最常见的捕捉方法，需要两个骑着马的人敲击盾牌或举着熊熊燃烧的火把，将猎物顺着围有栅栏的通道驱赶进布设了网子的畜栏里。另一种方法是挖一个深深的陷阱，中央竖立起一根巨大的柱子，上面放着一只充当诱饵的活山羊或羊羔。在陷阱周围竖立的栅栏有助于将它隐藏起来，这样，当捕食者跳向诱饵时，就会跌入下面的陷阱里。然后人们将一个笼子放到陷阱内，把那只被捕捉到的动物弄出来。

彼得·保罗·鲁本斯

这幅过分紧张、过分渲染的绘画（见下页），是佛兰德艺术家彼得·保罗·鲁本斯（Peter Paul Rubens，1577—1640）的典型作品，位于画面右下角的豹子被两支标枪刺死，一支扎入其腹部，另一支扎入其胸部。在这一场疯狂的混战下方，它躺在地上，张开大嘴，露出下垂的舌头，毫无生气。这幅画在一幕单一的场景中，总结了17世纪通常对待野生动物的残酷愚蠢态度。通过迎合时人的粗鄙感情，鲁本斯这样的艺术家对动物造成了无法描述的伤害。

在鲁本斯的另一幅主要作品《战争与和平》（又名《密涅瓦在战神面前保护和平女神》[*Peace and War, or Minerva Protects Pax from Mars*]）中，出现了另一头豹子。这一次它是活的，但就像前一幅作品那样，它被贬低到一个微不足道的地位，作为酒神巴克斯的随从之一，仰卧在地上。

彼得·保罗·鲁本斯，《猎杀老虎、狮子和豹子》（*Tiger, Lion and Leopard Hunt*），1616 年。

格里特·凡·洪特霍斯特

尽管17世纪的荷兰艺术家格里特·凡·洪特霍斯特（Gerrit van Honthorst，1592—1656）以更和善的态度塑造豹子的形象，表现它被一个小丘比特用松散的绳子牵着，嗅闻一堆水果，但他对这种动物的同情具有欺骗性。有一点必须牢记在心，这幅画传达的寓意是：在想象中的和平与富足世界里，就算豹子这样恐怖凶残的野兽，也会变得温和友善，忽略它周围那一群孩童美味鲜嫩的血肉。因此，从象征的角度说，这里的豹子并非英雄，而是一个受到神秘感化的恶棍。

格里特·凡·洪特霍斯特，《和平与富足寓意画》(*An Allegory of Peace and Plenty*)，1629年。

卡尔·鲁特哈特

17世纪德国动物画家卡尔·鲁特哈特（Carl Ruthart，1630—1703）进入美术界的时间稍晚，他重新回到把豹子描绘成嗜血杀手的传统象征角色。为了渲染那个受害者的痛苦挣扎，他向我们展示了一群豹子而非一个独行杀手。不过，这究竟是因为无知，抑或只是为了强化这一刻的残忍而采用的艺术手法，就很难说了。同样，这位艺术家笔下的被捕食者也不是羚羊，而是一头巨大的雄鹿，在现实中，这个物种的栖息地过于靠北，并非豹子的常见食物。在背景中，他也没有描绘一群母鹿，而是只描绘了一头雌鹿，暗示那位勇敢的“丈夫”在它惊恐万状的“妻子”眼前被撕成碎片。

卡尔·鲁特哈特，《豹群猎鹿风景画》（*Leopards Attacking Deer in a Landscape*）。

乔治·斯塔布斯，《酣睡的豹子》（*Sleeping Leopard*），1777 年。

乔治·斯塔布斯

乔治·斯塔布斯（George Stubbs，1724—1806）据说是 18 世纪最伟大的动物画家，主要描绘家养动物，尤其是马，但他偶尔也会沉浸于一些描绘野生动物的习作，例如这幅熟睡的豹子。显然，他是根据一头圈养动物来画的，只是很难判断这头豹子究竟是在美餐一顿后享受放松的小憩，还是因为注定终身囚禁于狭小的兽笼，在被迫的百无聊赖中堕入可怜的睡眠。然而，不管是哪种情况，这幅画至少一扫早期绘画中把大型猫科动物普遍塑造成凶残野兽的所有细节。

雅克–洛朗 · 阿加斯

雅克—洛朗·阿加斯（Jacques-Laurent Agasse，1767—1849）是一位侨居伦敦的瑞士艺术家，作为当时最优秀的动物画家之一而闻名。他会在河岸街（Strand）一处拱廊内向公众开放的展览中，花大量时间观察笼养的野生动物，他的作品有一个重要特征，即他以同情的态度塑造这些圈养动物。它们不是残暴的野兽，咆哮着，在空中挥舞爪子；它们是一些放松并且近乎友善的动物。确实，他这幅画中的两头豹子，或许因为被迫生活在狭小单调的空间内而显得相当无聊，但它们至少还有对方充当玩伴，而这就是画家选择描绘的片刻。对于这些具有潜在危险性的动物，这是一种崭新的观察角度，在维多利亚时代初期的伦敦人中激起了共鸣，当时，英国社会中逐渐出现了一种对待野生动物更温和、感伤的态度。

雅克 - 洛朗·阿加斯，《两只豹子在伦敦埃克塞特市场动物园中玩耍》（*Two Leopards Playing in the Exeter Exchange Menagerie, London*），1808 年。

爱德华·希克斯，《和平王国里安详的豹子》，1826 年。

爱德华·希克斯

爱德华·希克斯（Edward Hicks，1780—1849）是 19 世纪一位杰出的美国民间艺术家，抱有教友派信徒的友好与和谐观念。在油画《和平王国》（*The Peaceable Kingdom*）中，他描绘被捕食动物与捕食者静静地坐在一起，以多种多样的形式表达了那种观念。在这幅画的右下角，他描绘了一头有些茫然的豹子，被一只绵羊、一只山羊、一头牛犊、一头猪、一头奶牛和一个小孩子围在中间。

希克斯逐渐沉迷于这一主题，做了一件在艺术界前无古人的事情——他为这同样的构图创作了 62 个版本，第一幅产生于 1820 年，最后一幅就在他于 1849 年去世之前完成。每幅画中都有豹子，但其位置在不同版本中略有变化。有时它笔直地坐着，有时在睡觉，有时与一个同伴在一起。最后的版本之一创作于1846—1848年，标题为《和平王国里安详的豹子》（*The Peaceable Kingdom with the Leopard of Serenity*），强调了这种特别的动物在一般构图中的重要性。一份作品编目对这幅画做出了如下介绍："带有斑点的豹子在作品中安详地伸展四肢，仿佛沐浴在舞台聚光灯下，是希克斯晚年的典型作品，表现了各种对立关系的融合，揭示了画家内心对和解的渴望。"[5]

作为一名虔诚的基督教徒，希克斯在这些绘画中描绘的这一场景来自《圣经》中的一段经文。《以赛亚书》11:6的预言说，随着弥赛亚的降临，"豹子与山羊羔同卧……小孩子要牵引它们"。因此，在这些令人愉快的寓意画中，这位艺术家向我们呈现了一头友好的豹子，而不是一头凶残地攻击其猎物或遭到凶残攻击的猛兽。

亚历山大·卡巴内尔

19世纪，一种高度浪漫化的东方主义在法国风行一时。在亚历山大·卡巴内尔（Alexandre Cabanel，1823—1889）的这

亚历山大·卡巴内尔，《克里奥佩特拉在死囚身上测试毒药》(*Cleopatra Testing Poisons on Condemned Prisoners*)，1887年。

幅作品中，克里奥佩特拉面带愠色，懒洋洋地和她那头未受束缚的宠物豹子坐在躺椅上，就是这一类型的典型之作。在维多利亚时代，对动物的感伤情绪开始取代以往的粗暴态度，这幅画就依照一种更加宽容的态度表现动物。不过，画中的豹子依然扮演着被驯养的仆从角色，而非自有其权利的野生动物。要欣赏到真正从博物学角度描绘大型猫科动物在其原生栖息地中的情景，我们还得再等100年。

让-约瑟夫·本杰明·康斯坦特

让—约瑟夫·本杰明·康斯坦特（Jean-Joseph Benjamin Constant，1845—1902）从浪漫主义的视角，描绘那些具有异

J.-J. 本杰明·康斯坦特，《宫廷侍卫与两头豹子》（*Palace Guard with two Leopards*）。

国色彩的宫殿和伊斯兰闺房，其灵感来自他二十几岁的一次摩洛哥之旅。他的很多绘画都表现半裸的伊斯兰后宫奴婢斜倚在奢华的宫廷背景中，显然，这些地位优越的女性需要精心的保护，以免受到外界的侵扰，他这幅描绘一名宫廷侍卫带着一对成年豹子在宫中巡逻的作品由此产生，那对豹子能够将任何不请自来的雄性入侵者撕成碎片。

乔恩·亨特

由于大型猫科动物比从前更受尊重，受到的残害也更少，因此，作为绘画主题，它们在艺术家心目中的地位也发生了改变。如今，我们以更同情的态度描绘这些身处原生栖

乔恩·亨特，《豹》，2010年。

息地的动物，而不是把它们描绘成受到屠戮的凶残猛兽。最近这些年，很多自然史艺术家都为野生豹子创作了准确的肖像，不过其中描绘得最精确，与摄影作品旗鼓相当的，要数当代美国艺术家乔恩·亨特（Jon Hunter，1944— ）的《豹》（*Il Gattopardo*）了。

拉贾布·齐瓦亚

来自非洲热带地区的现代绘画往往令人失望，不过，在坦桑尼亚的恩戈尼（Ngoni）部落中，艺术家拉贾布·齐瓦亚（Rajabu Chiwaya，1951—2004）描绘了一头非凡的豹子，却是个中例外。齐瓦亚在达累斯萨拉姆参加了廷加廷加艺术合作社（Tinga Tinga Arts Co-operative）。他是历史上少数以豹子作为原型创造出幻想动物形象的艺术家之一。几乎所有在作品中描绘豹子的艺术家都竭尽所能地按照这种动物的自然形态塑造其形象，但齐瓦亚却以戏耍的手法，欢快地描绘这种形象，在一幕堪称全世界天真艺术最佳典范的场景中，创造出一种奇妙的怪异动物。

沃尔顿·福特

沃尔顿·福特（Walton Ford，1960— ）出生于纽约，是近年涌现的最杰出的美国艺术家之一。他的作品被恰如其分地描

沃尔顿 · 福特，《操！》，1998 年。

述为“伟哥奥杜邦”（Audubon-on-Viagra）。他的一幅水彩画似乎描绘了一头豹子正以致命的方式，咬住一头白色的印度驼背公牛的喉咙，乍一看，很像 18 世纪或 19 世纪的自然史插图。但仔细审视，就会发现那完全是另一码事。第一个令人震惊之处在于，这幅作品并非书籍中的插图，而是一幅 152.4 厘米 x 302.3 厘米（5 英尺高，10 英尺宽）的纸本水彩画。它细致入微的笔触或许让它看起来貌似传统的自然史绘画，但它实际上是一幅传递出政治信息的寓意画。线索就在标题里头。*Chingado* 一词是一句墨西哥的脏话，可大致译为“操！”因为那头公牛是印度的，那只猫科动物自然指的是豹子。但其实并非如此。后者身体侧面的花纹展现了内带黑色圆点的玫瑰花瓣图案，表明它显然是一头美洲豹。同样，远处的建筑也是前哥伦布时代的纪念碑。尽管公牛的皮毛是白色的，背部拥有隆起的解剖学构造，但这却是一幅关于墨西哥的寓意画，本意是指一头西班牙公牛赫然耸立在一只本土的美洲豹身上，后者却以牙还牙地对攻击者进行报复。换言之，这幅画象征着墨西哥农民反抗外国压迫者的斗争。画中有一个很容易受到忽略的细节，即那头公牛其实是在强暴那只美洲豹，因此，不管对那头被一口扼住脖子的公牛，还是那只受到侵犯的美洲豹，这个题目都同样适用。

张大悲

如今，在年轻的中国艺术家中，豹子是一个流行的主题。张大悲（约 1970—　）就是善于捕捉豹子情绪与外表的中国艺术家之一。由于他精湛的书法技巧，他自称“戏墨草堂堂主”。不过，因为他排斥所有官方接洽，拒绝接受学术团体的职务，声称“无意于名利”，所以人们对他知之甚少。尽管如此，他的作品仍在国际上展出并收藏。

库纳印第安艺术家（20 世纪）

库纳（Kuna）印第安人生活在巴拿马北部海岸附近的一些小岛上，偶尔会在附近的美洲大陆森林里遇到美洲豹。碰到这种情况，他们很可能会瞥见这种动物趴在高高的树枝上休息，在该部落女性衣服上的装饰性布料中，他们就是如此描绘这种大猫的。此类装饰性布料被称为“摩拉”（molas），每个女性都会在其宽松上衣的前襟和后背分别缝上一块。那些描绘美洲豹的摩拉表明，库纳人对这种特别的掠食者并不太熟悉，只是以一种卡通风格的简化形式呈现其形体。不过，它们确实展示了美洲豹带有斑点的皮毛、结实的身体以及尖尖的犬牙和爪子。

一头美洲豹在树上休息，出自一位巴拿马的库纳印第安艺术家之笔。

概括地说，从数世纪以来艺术家们塑造豹子的方式来看，尽管这一物种从来都不是最受青睐的动物主题之一，不过，显而易见的是，那些确切描绘了豹子的绘画，都生动有力地表现出人类对这些大型掠食者的态度在不断改变。随着豹子在野外的生存越来越受到威胁，我们似乎有可能在未来看到画家以越来越同情的态度塑造其形象。

第九章

马戏团的豹子

Chapter Nine　Circus Leopards

豹子最早出现于马戏表演中是在古罗马时代。当时，它们在残酷的角斗比赛中被释放到竞技场上，那很可能是它们的首次也是最后一次演出。那座伟大城市的市民厌腻了一切，在这些为给他们提供娱乐而组织的表演式狩猎中，此类动物的下场几乎总是以遭到斗兽士（*Bestiarii*）即猛兽猎人的屠戮而告终。有些大猫稍微幸运一点，如果它们能够学会表演一些把戏，还可捡回一条性命。还有一些，如果被用来对付那些被判处“野兽咬死”的罪犯，也能多活一段时间。竞技场上的动物死亡率令人惊愕。在罗马大竞技场持续 100 天的开业庆典中，至少 9 000 头动物以娱乐的名义失去生命。根据记录，它们中有 410 头是豹子。这场针对豹子的大屠杀持续了多年。例如，我们得知，在 80 多年后的公元 169 年，单是一场表演就导致 63 头野生豹子死亡。这些表演性的狩猎直到公元 6 世纪才废除，到那时，要在北非或中东任何地方找到幸存的野生豹子，可能都是难上加难了。

即使在更早的时期，要找到豹子也很困难。公元前 50 年，西塞罗在一封寄到罗马的书信中，就抱怨罗马要求他为此类比赛供应更多豹子，以及他面临的种种困难。当时，他担任西里西亚的总督，那个地方位于今土耳其南部。他评论说：

（上图）一座古罗马住宅内的马赛克镶嵌画中的豹子，产生于公元 2 世纪。

（下图）描绘一头豹子在竞技场上遭到杀戮的古罗马马赛克镶嵌画。

> 关于豹子，普通猎人按照我的命令，已是竭尽全力，但这些动物严重供应不足……不过这个问题已经受到密切关注，尤其受帕提斯库斯（Patiscus）关切（他已经送来10头动物）。不管弄到什么，都是你的，只是到底能弄到什么，我就不得而知了。[1]

对那些生活在小亚细亚和北非殖民地的罗马人来说，诱捕成年豹子绝非易事。阿尔及利亚的希波纳（Hippone）博物馆里收藏了一件公元3世纪的马赛克，清楚地表现了这件事有多么危险。作品描绘了处于恐慌状态的3只豹子、1头雄狮和1头雌狮，它们被赶进一个狭小的空间，陷入猎人的重重包围中，一边是14名男子，装备了巨大的盾牌和顶端火红的兽叉，另一边是覆盖着灌木的捕兽网。另外一个扛着盾牌的人被几头野兽掀翻在地，其中一头豹子正在攻击其头部。右侧则有若干骑马的人，将这些动物朝画面左下侧一个盒子似的陷阱驱赶过去。[2]

17世纪末，约翰·格拉维乌斯（Johann Graevius）在他那本长达12卷、有关古罗马的百科全书式专著里，画了一幅猎捕豹子的插图。尽管已经过去十几个世纪，但插图中对诱捕场景的描绘几乎没有多大改善。实际上，图中对豹子的描绘还不如那件阿尔及利亚马赛克的准确。[3]需要大量诱捕豹子和其他野生动物的，不单是竞技场内表演性的狩猎。古罗马的一些重要公民认定，他们有必要维持自己的私人动物园。这些动物园的规模令人难以置信。据说屋大维·奥古斯都皇帝（Emperor Octavius Augustus）就拥有3 500头动物，包括680

头狮子和老虎，以及 600 只非洲豹子和猎豹。痴迷于控制大型危险动物的做法，表现了罗马人希图控制已知世界的欲望，根深蒂固。当罗马帝国走向衰落时，这些野生捕食动物终于获得一段休养生息的悠闲时光，其数量也能再次上升了。

要再过上 1 000 年，野生豹子才会再次遭到诱捕，被拖去娱乐好奇的公众。起初，它们在小型动物园和流动展览中展出，因为单是看见这些动物就足够让人兴奋的。要等到 18 世纪，一个崭新的马戏表演时代才会在欧洲和北美洲降临，在那里，动物们不得不为公众表演。这一次，马戏团中的动物演出将持续 200 年，从 18 世纪 70 年代一直到 20 世纪 70 年代，在那之后，动物权利运动将导致此类表演在西欧和北美走向衰落，并基本上销声匿迹。不过，在东欧，它们至今仍很流行。不得不说的是，在整个这一时期的现代马戏表演中，使用受过训练的豹子是极其罕见的情况。用马戏团的行话说，它们是些“靠不住”的动物——训练起来虽然容易，但它们总是易于突然发动毫无预警的攻击。这些暴力反应，很可能跟豹子在野外不习惯与其他大型动物近距离相处的事实有关，除非那些动物恰好属于被捕食者。就仿佛受过训练的豹子毕恭毕敬地遵守所有条件反射，直到它受到某种刺激，在顷刻之间恢复了疯狂撕咬的自然杀戮行为。结果，在封闭的马戏团笼子中表演时，更合群的狮子就比特立独行的豹子更受青睐。不过，这一规则确有一些值得注意的例外。在 19 世纪和 20 世纪的马戏团中，这个行踪诡秘、遗世独立的物种，究竟在多大程度上被迫改变其自然行为？对此加以考察是很有意思的。

驯豹史上的第一个重要人物，是一名不同寻常的男子，名叫伊萨克·凡·安布格（Isaac Van Amburgh）。他出生于1808年，年仅22岁就进入一个关着三只豹子和三头狮子的兽笼，让其美国观众惊诧不已。看到这些大型掠食动物在他面前畏缩不前，仿佛害怕似的，“观众们无比惊奇”。演出的末尾，他命令那些动物来到他身边，它们恭顺地靠近他随意斜倚的身体，平静地环绕在他周围。凡·安布格声名大噪，19世纪30年代，他曾在欧洲巡回演出好几年。来到英国的时候，他还为维多利亚女王演出，后者对他如此着迷，甚至委托埃德温·兰西尔为他及其大猫们画了一幅肖像画。这件作品如今属于温莎城堡的皇家典藏，画中描绘一只豹子顺从地把脑袋靠在他的大腿上。女王被凡·安布格的表演深深地吸引了，曾六度光临他在德鲁里巷的演出，有一次甚至在演出结束后观看他给那些动物喂食。不过，如果有人把他的训练方法告诉女王，她或许会感到惊恐。凡·安布格完全依靠残酷的手段来阻

埃德温·兰西尔（Edwin Landseer）为凡·安布格画的肖像，后者斜倚在他驯养的野生动物中间，其中包括两只豹子。作于1839年。

止那些大猫攻击他，在训练中用一根撬棍把它们殴打到服从为止。他引用《圣经》的经文为自己对待动物的残酷方式辩护，说上帝赋予他统治动物的权力。令人惊讶的是，在他这些大型猫科动物里面，没有一只因为他的暴行而试图实施报复。只需几秒钟，它们中的任何一只都能结束他的性命，但它们没有那么做。凡·安布格并未被它们巨大的上下颌紧紧扼住脖子而悲惨地死去，他活着成为一个大富豪，最终在 1865 年寿终正寝。

具有异国情调的美国演员多洛蕾丝·瓦勒希塔（Dolores Vallecita），是最早试图在马戏团内尝试训练豹子表演的女性之一。她生于 1877 年，在那个时代，她作为驯兽师和歌舞杂耍明星而闻名。在拍摄于 1906 年的一张照片中，她朝一头怒吼的成年豹子挥舞鞭子，设法在距离其血盆大口仅仅几英尺远的地方摆出一个生动的姿势。另外一些与她共同出现在海报上的演员，把那段时间称为"紧张的几个星期"。她的表演风靡全球，从伦敦到柏林、南非、古巴、埃及和澳大利亚，但她却在印度获得最大的成功，可能因为她那些大猫全都是印度豹子。瓦勒希塔剧组的 6 只豹子中，每一只都有自己的个性。"咆哮者"格蕾丝是女主角，它只有在获得最大的旅行兽笼后才会工作；"狡黠者"维多利亚总试图在其他豹子前占据上风；"麻烦制造者"汤姆会搅起一场争端，然后坐在一旁隔岸观火。在加入这家剧团前，汤姆曾经杀死一名饲养员，但无畏的瓦勒希塔似乎并不为此担忧。尽管她的豹子个性各异，不过，如果它们看见一名女性穿着皮衣朝自己位于观众席上的座位走去，那么它们全都会不约而同地产生相同的反应。

不管它们正在参与什么日常活动，都会立刻停下来，所有6只豹子的眼睛都会紧盯着那个女人的一举一动，直到她舒舒服服地坐到座位上。她在无意中触发了它们内在的狩猎反应，在那个转瞬即逝的片刻，它们全都重新变成了野外的掠食者。作为敏感的表演者，它们全都对狗、沙沙声、吵闹的砰砰声、聚光灯、铜管乐、爵士乐和红色深恶痛绝。它们全都热爱歌剧音乐，在演出间隙里，瓦勒希塔会给它们播放这种音乐，来让它们保持平静。这位杰出女性的职业在1925年戛然而止，当时，她租下了贝城（Bay City）闲置的老市政厅训练这6只豹子。当她转身对着其中一只豹子时，她最宠爱的那只跳到

多洛蕾丝·瓦勒希塔在1906年的演出中。

她身上，据说那是一次“深情的拥抱”，但它的一只锋利的爪子切断了她的气管，导致其肺部充满鲜血，她就此丧命。尽管官方声称她的死亡是一次意外，但不得不说的是，当猫科动物充满热情时，它们通常会缩回爪子，因此，事实上，有可能是她最宠爱的豹子看到她给予一个对手太多关注，出于嫉妒而对她痛下杀手。

稍后出生于1889年的马布尔·斯塔克（Mabel Stark），是另一位大名鼎鼎的女性驯豹师，她也同样英勇无畏，从骑乘狮子开始她在马戏团的职业。在她被狮子击伤三次后，她转而训练豹子，又被它们击伤了两次，于是她转向斗虎。然后她又与一只黑豹同台演出，后来被它严重击伤，差点死掉。她的一条腿几乎被切断，面部被划破，肩膀上有个洞，而且三角肌还有一处撕裂，但几周之后，她缠着绷带，拄着拐杖，又无所畏惧地回到了马戏团的舞台上。在她60年的演出生涯中，她有时与多达18只大型猫科动物同台表演，曾经反复多次受伤，但却拒绝放弃这种让肾上腺素奔涌的做法，因为当时她极度需要这样的刺激。在其自传中，她这样写道：

> 我挥动鞭子，大叫“让它们登台吧”，这时，活动门打开了。大猫们溜了出来，咆哮着，怒吼着，朝着彼此或者朝着我跳跃。那是一种无与伦比的激动时刻，对我来说，没有这种刺激的生活根本就毫无价值。

如她所言，当她最终被马戏团解雇后，她自杀了，终年78岁。

第三位杰出的女性是出生于英国的梅·科瓦（May Kovar），来自稍晚一些的时代。作为驯豹师，她活跃于20世纪40年代的美国。科瓦的职业以一种戏剧性的方式戛然而止。1949年12月，当她试图训练一只新引进的动物——一头野生的雄狮——时，那只动物朝她跳了过去，抓住她的喉咙，切断了她的脊梁骨。令人惊叹的是，梅那对年仅十几岁的儿女正在一旁观看，当即冲进马戏团的笼子里救她，手里仅仅握着几根短棒。他们用棍子戳那头巨大的狮子，但它拒绝松开那张紧紧咬住他们母亲脖子的血盆大口。幸运的是，一位驯象师来到现场，对那头狮子展开猛烈攻击，才让它松了口。然后他从笼子里将梅·科瓦拖了出来，她的孩子们也设法逃了出去。但已经太晚了，梅·科瓦已经死去。

1971年，梅·科瓦的几头豹子正在演出。

20世纪70年代，梅·科瓦二世用一头经过训练的豹子，摆出经典的披肩姿势。

两个十几岁的孩子试图以这种方式拯救母亲性命，简直令人难以置信。在这种给他们留下心理创伤的经历之后，他们绝不会追随母亲进入马戏团似乎是板上钉钉的事情。然而，那个女孩恰恰就这么做了：20世纪70年代，梅·科瓦二世成为一名成功的大猫驯兽师，摆出和母亲一模一样的姿势，让一只成年豹子盘绕在她脖子上。我们或许会谴责马戏团里使用野生动物，但马戏团演职员们的勇气确实令人惊叹。

从未上演的演出。关于特里尔·雅各布斯和他那群黑豹的著名马戏演出海报，制作于 1938年。

除了这些无所畏惧的女性，也有几名重要的男性马戏团驯兽师专门训练豹子。在这方面遭到挫败的特里尔·雅各布斯（Terrell Jacobs）就是其中一位，不过这并不是他的过错。他的狮子表演非常成功，有时他会在一场表演中聚集 52 头狮子。但马戏团老板还想让他训练一大群黑豹，那是著名冒险家弗兰克·巴克（Frank Buck）为此专门从溽热的马来西亚丛林里捕捉的。雅各布斯只有三个月的时间训练这些新近捕获的野生豹子，这几乎是一件不可能完成的任务。他失败了，演出从未举行。不幸的是，马戏团已经安排印刷了一份精彩的演出海报，上面展示了所有这些黑豹正在表演的身姿，而雅各布斯则骄傲地站在它们中间。这份海报广泛散发，当雅各布斯仅仅带着他的狮子出现时，观众往往感到迷惑不解。不过，阿尔弗雷德·库尔于1940年在美国推出其节目。

他的狮子表演已经非常令人难忘，足以平息任何冲天怨气，而且他确实也会偶尔带着一头从其他途径获得的黑豹上场。幸好，这家著名马戏团很快获得拯救，因为有个名噪一时的法国人，名叫阿尔弗雷德·库尔（Alfred Court），即将带着一大群受过充分训练的豹子跨过大西洋，填补雅各布斯留下的空白。

阿尔弗雷德·库尔是一名来自马赛的法国马戏演员，后来成为失败的马戏团老板，于1937年改行训练豹子。在他自己的马戏团关门大吉后，他雄心勃勃地聚集了一大群豹子，开始训练它们表演，这样就能租给其他机构演出。他一共拥有15头大型猫科动物，包括6只带有斑点的豹子、3只黑豹、1只雪豹、1只美洲豹和4只美洲狮。他带着它们在欧洲巡回演出，直到二战爆发，然后就把它们全部转移到美国，加入了林林兄弟马戏团（Ringling Bros. and Barnum & Bailey Circus），并且大获成功。

到了更晚近的时代，出生于德国的京特·格贝尔—威廉斯（Gunther Gebel-Williams），成为所有与豹子合作的马戏演员中最具个人魅力的明星之一。他在二战后的欧洲学到这门技艺，于 1968 年移居美国，凭借他与那些动物之间不同寻常的友好关系，他在这里一夜之间成为轰动人物。他用一种更友好、可敬的方式，取代了鞭子加棍子的旧式恐吓做法。他的个人追求就是消除“人类对抗野兽”的老观念。京特生动地展示了他对自己那些动物的爱，更符合 20 世纪下半叶的文化潮流，正是这一点让他如此广受欢迎。在 30 多年的时间里，他在超过 12 000 场的演出中，为总共 2 亿观众现场表演，据说他从未在演出中有过哪怕一次失手。1998 年，他最后一次出现在马戏舞台上，然后就在 2001 年与世长辞了。

具有超凡魅力的德国马戏演员京特·格贝尔-威廉斯。

历史上，豹子驯兽师采用两种方法中的一种来排练演出，那就是所谓的“暴力式”（*en ferocité*）和“爱抚式”（*en pelotage*）。前者包含一些威吓动物的行为，这样它们就会害怕攻击驯兽师。为了让这些大猫保持秩序，训练过程中存在大量愤怒的吼叫和抽动鞭子的啪啪声。驯兽师能够幸存下来是因为动物害怕他。后者则是通过爱抚这些动物，并在它们学会其技巧后给予奖励，来获得它们的信任。早期的驯兽师使用第一种方法，更现代的驯兽师倾向于第二种方法，尽管这样做更危险，因为其中涉及与动物更亲密的身体接触。

近年来，动物权利活动家们所做的调查揭示了驯兽师中一些极端残酷的案例，因此要求像太阳马戏团（Cirque du Soleil）那样编排出不使用动物的马戏表演。英国将于 2015 年 12 月开始禁止马戏团中所有使用野生动物的演出。荷兰、瑞典、奥地利、希腊、哥斯达黎加、新加坡和玻利维亚等国已经实施这样的禁令，其他很多国家，包括丹麦、芬兰、瑞士和印度已经限制在娱乐中使用动物。显然，一个时代即将结束。尽管一些国家仍然接受老式马戏团的存在，但此类马戏演出已经时日无多。很快，豹子表演就将成为历史。电视上的动物节目已经展示了这些动物在其自然栖息地中的生活，产生了广泛的教育效果，使得观众越来越厌恶马戏表演中的矫揉造作。他们越来越清楚地意识到，活动兽笼和驯兽场并非适合野生豹子度过其一生的理想场所。随着这些奇奇怪怪的演出逐渐淡出历史，我们值得从中汲取一些珍贵的记忆，涉及豹子出人意料的灵活性，以及它准备适应可怕的非自然行为与姿势的非凡做法。看着它在野外的生活，谁也想不到这种大型掠食者会忍受这样的强迫行为，但它却在很大程度上做到了，这是相当出色的。至少，我们从过去传统的马戏团中可以学到这些东西。

还有另一种回忆，不应该随着这些新颁禁令的传播而抛弃，那就是过去那些豹子驯兽师的勇气。他们或许是剥削了那些动物，以可耻的方式扭曲了它们的生活，然而，每次他们与成年豹子登台演出，他们的个人勇气都是不可否认的。

第十章

驯养的豹子

Chapter Ten　Tame Leopards

驯养的豹子相对罕见，驯养的狮子总是常见得多，原因有二。首先，狮子的体形更大，在作为亲密伙伴来炫耀时，雄狮那繁密的长长鬃毛让它们显得尤其威武。其次，狮子在野外是社会动物，因此在圈养条件下更善于合作。豹子体形更小，也更喜欢独来独往，因此必定在好莱坞的食肉动物名单上被归入次等。

1922年，好莱坞明星贝蒂·康普森（Betty Compson）在她的一部电影的片场拍摄了一张照片，展示她和导演抚弄一头驯养的豹子。20世纪20年代，在洛杉矶的卢纳公园动物园（Luna Park Zoo），有人拍到一头豹子从一个小盆子里优雅地进食，与三位令人钦佩的女性共进午餐。它脖子上拴着跟前述那只豹子相同的坚固牵引绳，因此很可能是同一只动物。每次好莱坞的某部电影需要一头驯养动物，通常他们总能设法找到，从电影业发轫之时起，总有一些特别的驯兽师在洛杉矶等待时机，满足这种需求。

在霍华德·霍克斯拍摄于1938年的经典喜剧《育婴奇谭》（*Bringing Up Baby*）中，标题里所说的婴儿是一头已经成年的豹子，叫妮莎，由瑞典驯兽师奥尔加·西莱斯特（Olga Celeste）训练。奥尔加曾经在洛杉矶的卢纳公园动物园里每天与几只豹子一起表演多年，当某部电影剧本需要一只驯养的豹子时，他们就会联系奥尔加提供一只。这部影片要求女星凯瑟琳·赫本在几个场景中以明显轻松自如的方式，与那头豹子亲密接触。她以自己的个性力量而著称，但在这几个场景中表演肯定是一项严峻的考验。与她一起主演该片的加里·格兰特（Cary Grant）似乎就对这样的冒险不太高兴。当他与那只豹子一同出现在银幕上时，通常需要采用某种电影特技，但赫本就不存在这个问题，尤其是在一个场景中，那头豹子就像一只友好的家猫那样，倚靠着她的腿轻轻摩擦。这是因为赫本裙子上喷有它喜欢的香水，它在受到鼓励后才表演这种行为的。赫本的无所畏惧差点让她丧命。有一次，当她突然转过身去，而她长长的裙摆从豹子旁边扫过并发出沙沙声时，那只大猫立刻做出反应，朝她的后背扑去。幸好奥尔加就提着驯兽师的鞭子站在近旁，能够很快加以干涉，阻止那只豹子伤人。在拍摄该片的过程中，无所畏惧的赫本不时捉弄胆小的格兰特一下，有一回在他化妆室内藏了一只填充豹子玩偶，吓得格兰特惊慌失措，落荒而逃。

在电影《育婴奇谭》的一幕场景中，凯瑟琳·赫本与豹子妮莎在一起。影片拍摄于1938年。

（右页图）米夏埃拉·德尼斯出版于1956年的书《怀中的豹子》。

二战之后，奥尔加·西莱斯特依然保持活跃，为1946年那部由约翰尼·韦斯穆勒（Johnny Weismuller）主演的电影《泰山和豹女》（*Tarzan and the Leopard Woman*）提供了豹子。该片的情节聚焦于一种秘密的豹子邪教，其中，一名高级女祭司，即片名中的“豹女”，会挖出人类受害者的心脏，作为祭品献给这种邪教崇拜的豹神。泰山在看到一个被抓挠致死的男子时，展示了自己有关豹子行为的知识。他被告知，那名男子是被豹子杀死的，但他知道，真正的豹子会咬住受害者的喉咙，令对方窒息而死，因此他怀疑其中另有黑幕，并说出了泰山的那句经典台词：“看似豹子但并非豹子。”

到了更晚近的时代，也有一些人驯养豹子，并在不同程度上获得成功。有些是私下里做这件事，但另外一些则利用这种经历写书或制作纪录片。1968年，当年轻女子安吉拉·麦克威廉斯（Angela McWilliams）用牵引绳拴着她那只戴着项圈的宠物豹子迈克尔，顺着繁忙的伦敦街道散步时，伦敦人迷惑地望着她。令人吃惊的是，他们并不以此为怪。那只豹子显得平静而放松，直到她领着它进入这座城市的一座公园，在这里，它开始凶猛地攻击小狗，结果立刻招来后者的厌恶。英国百代新闻社（British Pathé News）录下了她散步的过程，但那只豹子后来的结局如何，却没有任何记录。

20世纪50年代和60年代，当阿芒德和米夏埃拉·德尼斯（Armand and Michaela Denis）在非洲拍摄风靡一时的系列电视纪录片《游猎之旅》（*On Safari*）时，米夏埃拉跟一头年轻的豹子交上朋友，还写了一本书讲述自己的经历，书名为《怀中的豹子》（*Leopard in my Lap*），出版于1956年。[1]

LEOPARD
IN MY
LAP

印度野生动物专家阿尔金·辛格（Arjan Singh）居住在印度与尼泊尔接壤的边境地区，1982年，他对该地区豹子数量的下降警觉起来，开始尝试着将自己一手养大的豹子放归野外。为了达到这个目的，他不得不像一头豹子妈妈那样对待它们，带着它们在丛林中漫步，鼓励它们捕捉猎物，甚至向它们展示如何取出猎物的内脏。他养大的一头成年母豹带着其幼崽生活在野外，最终，当它们受到雨季洪水的威胁时，他受到了回访。让阿尔金·辛格感到惊讶的是，面对这种紧急情况，那头母豹的反应居然是把幼崽一个接一个地叼回他的宅子，把它们放在那里的一间卧室内。当瓢泼大雨从天而降时，那头豹子妈妈就跟幼崽待在房子里，接着，大约一个星期之后，它决定返回丛林了。于是它叼起其中一只幼崽出发，却发现一个大水塘阻断了附近河流的渡河地点。它这时想出的解决办法生动地证明了这一物种所具有的非凡智慧。它踏上返回宅子的道路，然后来到阿尔金·辛格拴着小船的河边，跳到船上。正如辛格所言，“就算它能用语言表达要求搭船的想法，也不会做出比这更直白的表示了”。辛格开始载着它划船过河，但幼崽太沉，母豹没有办法在整个渡河过程中一直叼着它，于是就不断地把它放在船上又再次叼起来，每一次都冒着不小心让幼崽跌出船去的风险。一等船抵达对岸，母豹就用嘴紧紧地叼住幼崽，跳下船去，消失了。辛格等着母豹回来，可是它离开的时间太长，于是他就划着船回去了。然而他刚回到原来的地方，它就出现在对岸，叫他回去接它。就像一名服务周到的船夫，辛格再次出发去接它，载着它回来。它跑进房子里，叼上第二只幼崽，跳上它的渡船，最后一次渡河。几个星期后，当辛格走进丛林寻找那头母豹时，它已经准备好让他看看自己的幼崽，如今它们已经长大很多，也变得更强壮了。这件事情非同凡响。很难想象，还有其他任何物种能够具有如此强的适应性，将自己出生于野外的幼崽带到一座宅子里，保护它们免受洪水伤害，然后在洪水退去后，要求人类用船帮助它把它们送回丛林。要不是因为拍下了这个过程的一张照片，就算读者认为这纯粹是子虚乌有，也情有可原。[2]

最近这些年，在美国和欧洲成立了若干专业公司，为电视、电影和广告作品提供一些异国的动物。这些公司的工作人员由一些专家组成，他们有时会与危险动物建立不同寻常的关系。人类是否应该以这种方式剥削野生动物还是个值得争论的问题，不过这些公司却证明，凭借专业的处理，甚至成年豹子也能变得足够驯顺，可以在摄影机前表演。它们给我们上了宝贵的一课：如果在训练中使用奖励而非惩罚，那么给豹子贴上那张“不可信赖”的传统标签，根本就是毫无根据的。

或许，自由生活的豹子与人类之间最离奇的关系，存在于一头成年豹子与一个名叫蒂皮的法国小女孩之间，她和父母茜尔维·罗伯特（Sylvie Robert）、阿兰·德格雷（Alain Degré）生活在非洲西南部的纳米比亚。蒂皮在周围的野生动物中出生长大，对待它们如同朋友。其他小孩子都跟柔软的动物玩具玩耍，而蒂皮却享受着与真正的野生动物玩耍的乐趣，她在它们周围表现出自然而放松的行为，使得它们信任她，并把她当作它们中的一员。蒂皮的父母是野生动物摄影师，随着这个小女孩在如同热带天堂的地方一天天长大，他们详细记录下她的生活。有趣的是，她在自己的所有动物探险中毫发无损地生存下来，后来出现在一个截然不同的环境中，那就是巴黎，年满 18 岁后，她在巴黎大学为获得学位而学习。她父母出版了一本书《我的野生动物朋友》（*Tippi: My Book of Africa*），来讲述她那些与众不同的故事。[3]

第十一章

野生豹子

Chapter Eleven　Wild Leopards

到目前为止，本书已经从豹子与人类之间形形色色的互动关系中审视这种动物。古人敬畏它，角斗士杀戮它，豹人模仿它，大型动物猎手射杀它，村民惧怕它，社会名流穿它的皮毛，艺术家描绘它的形貌，马戏演员训练它，少数勇敢的人驯养它。然而，我们对它的自然史，对这种动物本身，又了解多少呢？

爱德华·托普塞（Edward Topsell）那部《四足兽的历史》（*The History of Four-footed Beasts*）出版于1658年，是第一部英文的动物百科全书，在书中，他用了9页的篇幅来描述豹子。显然，到那时，人们对这个物种的真正本性知之甚少。托普塞的书页中充斥着各种怪异的事实，例如建议将豹子的脑浆与茉莉混合，用以治疗腹痛。至于这种动物的性情，他告诉读者说，它“淫乱、女人气、蛮横、背信弃义、狡诈、可怕而又胆大妄为”[1]。可是，生活在野外的豹子到底本性如何？它是如此行踪诡秘又难以捉摸，直到最近，关于其自然行为的确切细节大体上都不为人知。早期的田野工作者发现研究狮群更容易一些，因为它们敢于在地势开阔的地方坦率地展示自己。然而豹子呢，人们偶尔会在炎热的白昼看见它趴在高高的树枝上呼呼大睡，在夜里听见它的吼叫，但除此之外，就几乎看不到它们的踪影了。

（右页上图）托普塞那部出版于1658年的著作中所描绘的豹子身体构造。（右页下图）白天，豹子要待在高高的树枝中间才感觉安全。

豹子皮毛上那些伪装性的斑纹有助于在视觉上打碎其身形。

当然，这种隐身模式恰恰是豹子获得成功的秘密。正是它们谨小慎微的性情，跟它们在选择栖息地和猎物的非凡灵活性相结合，使得它们成为所有大型猫科动物中分布最广的一种。甚至狮子广阔的地理分布范围也无法与它们相提并论。在历史上，豹子曾经广泛分布于非洲、中东和亚洲，从南方的热带地区直抵冰天雪地的北方。人类为获取其皮毛而对它们展开的无情猎杀，以及人口的激增，无疑降低了它们在很多地区的数量，但在它们为求得生存而挣扎的过程中，它们隐秘的生活方式对它们大有裨益。它们的数量或许在萎缩，但它们的地理分布范围仍然是所有大猫中最广阔的。

豹子在野外的行为中，有一个不同寻常的特征，这与它的食谱有关。不错，它是猫科动物中唯一经常猎杀和食用大型和小型猎物的成员。人们通常认为，大型猫科动物（豹属）吃大型动物，而小型猫科动物（猫属）吃小型动物。这种说法中倒也不乏事实——大型猫科动物偏爱羚羊，而小型猫科动物偏爱啮齿动物——但也有很多例外，而其中最大的例外就可以在豹子的菜单上找到。它会攻击和吞噬从大型羚羊到瞪羚、疣猪、猿猴、蟒蛇、獴、狐狸、豺、野兔、鹳、小型鸟类和家鼠的各种动物。这种随时准备从一种食谱转向另一种食谱的食性，是豹子能够在如此丰富多样的栖息地中成功生存下来的部分原因。

在捕猎鸟类时，豹子会一大早躲藏在水坑附近，当一群沙鸡或类似的鸟类痛饮一通泉水准备飞走时，豹子会垂直地跳入空中，用它弯曲的锋利爪子抓住一只在飞翔中毫无防备的鸟儿。豹子寻找的栖息地总是具有一个环境特征，那就是

在位于博茨瓦纳和南非边境的卡格拉格蒂跨境公园（Kgalagadi Transfrontier Park），一头豹子在一个水坑附近抓住一只飞到半空中的沙鸡。

隐蔽。它尤其需要三样东西：一棵供它休息的高大树木，一个养育幼崽的岩石裂隙，以及供它藏身的繁茂灌木丛。只要具备上述条件，它差不多就能在任何地方生活，从水汽氤氲的热带森林，到沙漠边缘，以及俄国天寒地冻的群山。

豹子的体形差别很大。最小的成年个体从鼻子到尾巴尖的长度大约有 170 厘米，而最大的个体长达 280 厘米。雄性比雌性更大，生活在寒冷地区的豹子比生活在炎热地区的更大。它们的体重介于 30~70 公斤之间，在野外的平均寿命大约为 12 年，不过，如果在圈养环境中获得充足的食物，其寿命可延长到 20 年之久。豹子比狮子或老虎体形更小的原因之一，在于更小的个头使得它比那些更大的猫科动物对手更善于爬树。在豹子的演化过程中，它尽可能长得更大更有力量，但又不会超过允许它飞快爬到树枝高处所需的体重。有趣的是，它能够叼着一只刚刚捕杀但比它更重的猎物，爬到树枝中间一个安全的地方。其战利品的气味会吸引路过的狮子，而狮子为了偷走其猎物尸体，甚至会往树上爬去，不过很少能爬到够得着尸体的地方。在高高的树上，豹子能够优哉游哉地休息、睡觉和进食。有人曾经看见一头豹子在一棵树的树枝上挂了三头死去的瞪羚——如此丰富的食品储藏，就等着这种掠食动物去大快朵颐了。

对于那些比较大的猎物，豹子会掏出其内脏，在开始进食前，将内脏埋藏起来。如果它所在的地区没有地面竞争对手带来的威胁，它就不会大费周章地把猎物尸体叼到树上，而会在地上吞吃猎物。如果它吃饱之后仍有一些肉剩下，它就会用泥土、树叶和树枝将肉盖住，稍后再回来吃。不过，如果那里存在最微不足道的危险迹象，它就会叼着刚捕杀的猎物的脖子，爬到高处。然而，为了确保自己能够栖居树上，它必须尽可能保持比较轻的体重，但这却为它在地面上活动时带来了麻烦。在面对一头狮子或一群饥饿的土狼时，豹子根本不是它们的对手，在挑战一群狒狒之前，它也需要三思而行，因为它们中那些强壮的雄性能够联合起来，构成一个令人生畏的防御队伍。如果豹子刚捕杀一只猎物，还没来得及将其叼到树上去，就恰好碰到一些掠食者对手靠拢过来，这时豹子甚至会放弃这顿到手的大餐。

安全至上是豹子的生存策略，这也是它被称为“隐身大猫”的原因。在地面上，它总是鬼鬼祟祟地隐匿在阴暗之处，永远在偷偷摸摸、蜷缩埋伏、躲躲藏藏。它是如此罕见，生活在热带都市里的人往往都没有意识到，豹子会在夜里巡视他们的街道，捕食流浪猫狗和下水道里的老鼠。一看见麻烦的迹象，这些警惕的猎手就会消隐在黑夜中。

因此，强大的豹子其实是由精于伪装、耐心谨慎、适应性强、好奇心重和嗜好运动等等因素构成的狡猾混合体。考虑到这种组合，乔纳森·斯科特把它称为“完美的掠食者”也就不足为奇了。

野生豹子还有另一个突出特征，即它是所有猫科动物中最孤独的一种。每只豹子都拥有广阔的巢区，面积从 3 平方英里（约合 7.8 平方千米）到多达 30 平方英里（约合 77.7 平方千米）不等。它或许会与其他豹子个体的巢区有少许重叠，不过细致的气味标记和抓痕标记确保它们很少碰面。它们会定期巡视自己的领地，查看最近留下的气味和抓痕标记，仔

豹子强健的颈部肌肉使得它能够将沉重的猎物叼到树木高处。

一只正在攻击狒狒的非洲豹子。

细检查这些记号可让它们获知有关邻居的大量信息。不过，这种标记行为并不会导致冲突，而是会确保它们能够避开对方。豹子的社交生活仅限于短暂的交配过程以及母豹漫长的育幼阶段。雄性豹子不会参与养育后代，但雌性是无微不至的母亲。它会在某条石缝里分娩，小心翼翼地避开大型的地面掠食者，然而，一旦它感觉到狮子或土狼嗅到自己的踪迹，就绝不会坐以待毙，而会立刻将幼崽转移到其他藏身之处。当雌豹在领地上游荡时，它会定位、调查和记住所有可供它使用的缝隙，会飞快地接连转移幼崽好几次，而不是在巢穴入口采取防御姿态。再一次，谨小慎微占据了上风。在被母亲叼着颈背时，幼崽会产生一种特殊的反应。它们不会挣扎，而是会变得完全软弱无力。这是一种与生俱来的反应，人类在人工养育被弃幼崽时很快发现，他们甚至可以在年龄更大、更狂暴的幼崽身上利用这种反应。如果像抱婴儿那样把它们抱在怀里，它们可能会挣扎、扭动、抓挠甚至咬人，不过，如果紧紧抓住颈背把它们提起来，它们就会不由自主地屈服，身体变得软塌塌的。如果幼崽在野外没有这种反应，母豹就会很难迅速将后代转移到安全的地方。

豹子没有固定的繁殖季节，这或许有些令人惊讶。没有幼崽的成年雌性每个月都会有几天发情期，直到它成功交配。妊娠期大约有 100 天。在热带地区，通常每窝幼崽有 3 只。仅有 1 只的情况也是有的，有时每窝幼崽的数量也会多达 6 只，不过这些极端情况都很罕见。刚生下来的幼崽什么都看不见，要长到 6 天后才会睁开眼睛。一旦它们长到大约 6 周大，母豹就会每天把一些固体食物带回窝来喂养它们，长到大约 4 个

马赛马拉（Masai Mara）保护区的母豹叼着幼崽。

月大时，它们就开始在母亲外出捕猎时陪伴它。幼崽会完全依赖母亲生存好几个月，无法自己保护自己，直到它们达到至少一岁半。有些幼崽会在母亲身旁待更长时间，直到它们接近两岁。它们会在大约两岁半时达到性成熟。母豹要等到所有幼崽都离开自己后才会再次交配。据估计，在幼崽出生后的第一年，它们中有50%都无法幸存下来，这当中有三分之一是被土狼和狮子之类的掠食者杀死的，其余的则会死于饥饿。[2]

成年豹子的面部表情主要有三种：放松、防御和进攻。处于放松状态时，它的眼睛不会睁得很大，鼻子皮肤光滑，耳朵略斜指向前方。处于防御状态时，它的眼睛会睁得很大，一动不动地凝视着对方，鼻子皮肤出现皱褶，嘴巴张开，露出巨大的犬齿，耳朵会直接指向前方或平伏在脑袋上。这种防御表情通常伴随着咻咻声和咆哮声。处于进攻状态时，豹子的表情表示它即将发动攻击，它怒目圆瞪，鼻子光滑，耳朵转动，露出背面。对大多数人来说，豹子处于防御状态的表情看起来比进攻状态的表情更可怕。这当然正是其功能所在：在豹子身陷绝境时迫使敌人畏缩并离开。不过，就豹子的情感状态而言，这并非彻头彻尾的“攻击表情”，而是恐惧与攻击性混合在一起的结果。当豹子真正处于进攻状态，准备跳向敌手，或者突袭猎物时，它会目不转睛地瞪着眼睛，耳朵向后转动半圈。

就像人类的指纹一样，每只豹子皮毛上的斑点都与众不同。田野工作者往往通过记录它们面颊左右两侧一行行腮部斑点的纹路，来辨认自己在特定地区研究的豹子个体。

豹子的面部表情：
（左页图）防御；
（右页图）准备进攻。

1991年在斯里兰卡所做的一项调查研究，就使用了腮部斑点辨认法，涉及21头野生豹子，结果“发现该方法能够有效地分辨19头豹子，可靠度达95%，其中15%的个体可靠度高达99%”[3]。豹子的皮毛颜色有一种变异，过去被当作一个单独的物种：黑豹。其实它只是带有黑变病隐性基因的普通豹子。全黑的皮毛有利也有弊。有利之处是，在漆黑的夜晚，这种掠食者几乎完全隐身；而弊端则是，在白天或半明半暗时，它会变得更加显眼。显然，黑色皮毛带来的弊端肯定超过了好处，否则出现黑色豹子的概率就会大很多。黑豹在大多数地区都非常罕见，但在马来半岛溽热的丛林里，它们却常见得多，在这里的某些地区，野生豹子种群中多达50%的成员都由黑豹构成了。

黑色皮毛的豹子，通常被称为黑豹。

第十二章

豹子保育

Chapter Twelve　Leopard Conservation

就像野外的所有大型哺乳动物一样，豹子因为全球人口的激增而遭受重创，它们越来越多的自然栖息地被人类夺走。尽管其地理分布范围比其他大型猫科动物都要广阔，尽管它天生谨小慎微、行踪诡秘，可是近年来它在全球的数量却一直急剧下降。据报道，豹子已经从差不多 40% 的非洲传统分布区和 50% 以上的亚洲传统分布区消失。它们已经在过去栖

2001 年的豹子地理分布。

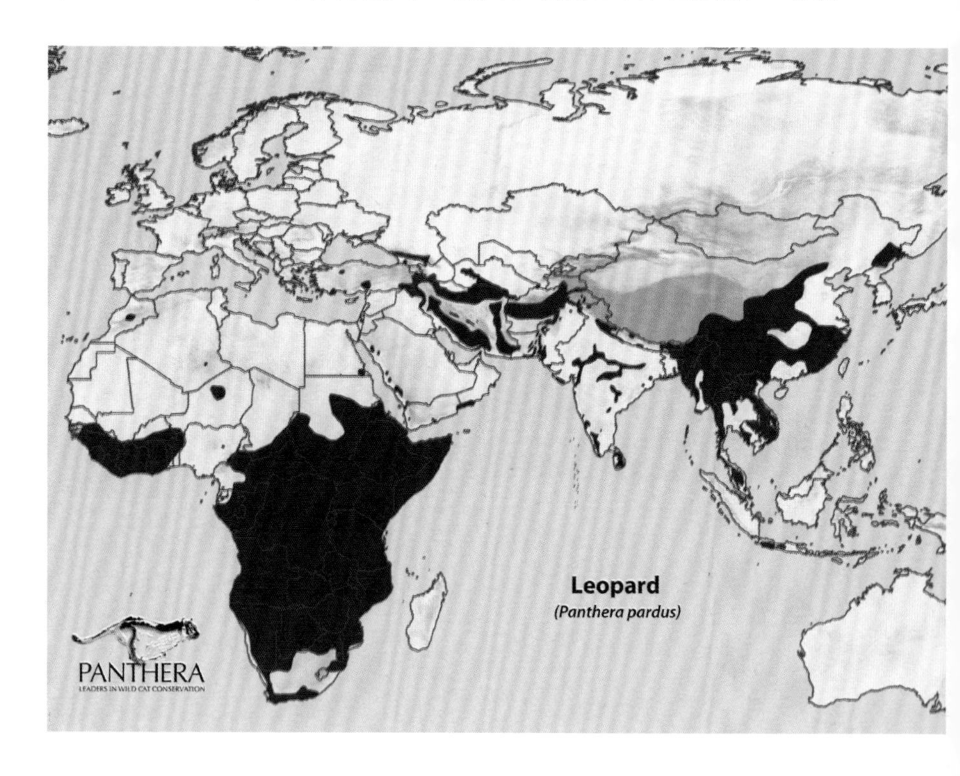

居的 6 个国家灭绝，而它们在另外 6 个国家是否仍然存在还值得怀疑。例如，北非最后一次记录到豹子的时间是 2002 年，之后就再没有它们的记录了。

一个世纪之前，它们在全球数量急剧下降主要归因于豹皮在女性时装界的流行。晚至 20 世纪 60 年代，为了向那些渴望身着豹皮大衣的女性提供这种皮毛，每年进口到美国的豹皮就多达 10 000 张。然后，到了 70 年代，美国引入一条禁令，禁止进口任何豹皮，而时装界也开始对任何种类的动物皮装采取一种崭新的态度。在猎人的枪口下，豹子突然一下子安全了许多，但它们依然面对一个巨大的威胁——人口的扩散。在 60 年代，地球上只有 30 亿人；从那以后，这个数字已经增加到两倍以上。发展中国家的人口增长最快，在那里，增加的 30 亿人正得寸进尺地深入曾经的野生动物领地。豹子不仅失去了自己的栖息地，而且还因为它们威胁到人类的生命而遭到射杀或诱杀。在一些热带城市，它们已经沦落到夜里从垃圾桶中翻寻食物的地步，就像那些卑贱的流浪狗一样。

豹子目前不断萎缩的领地状态如何？它们还有多少残余？豹子在哪里是安全的？在哪里受到的威胁最大？除了国际自然保护联盟（International Union for Conservation of Nature，IUCN）这样的全球保护机构，还有若干专门的组织建立起来，监控野生豹子在 21 世纪的困境。2000 年，南非建立了豹子保护项目（Leopard Conservation Project），总部设在约翰内斯堡，兼具保护、研究与教育三重目标。其保护策略针对的是盗猎者和设置陷阱的人；研究则包括给野生豹子佩戴无线电项圈，调查它们在自然环境中的行动；而在教育方面的努力是为了帮助农场主保护其牲口免受豹子攻击。这个南非研究项目旨在增加特定地区豹子种群和领地面积方面的知识，为众多个体创造照片数据库，分析其猎物偏好，调查其繁殖率和死亡率。考虑到豹子离群索居的天性，这个任务令人生畏，不过，由于栖息地的丧失，豹子被迫比从前更频繁地进入开阔地带，因此稍微降低了任务的难度。

现在，南非还活跃着其他豹子保护项目。在该国东部如今被称为夸祖鲁—纳塔尔（KwaZulu Natal）的地区，蒙亚瓦纳豹子项目（Munyawana Leopard Project）正在芬达禁猎保护区（Phinda Game Reserve）内展开。该地区的保护人员正在利用无线电遥测技术和相机陷阱调查法，收集豹子死亡率方面的记录，结果却沮丧地发现，它们的死亡率近期已经翻倍。在这里和其他地方，这些受到保护的禁猎区面对的问题之一，是生活在此的野生动物无法识别其安全家园的边界。一旦它们溜到外面，就会成为猎人和盗猎者的猎物。

南非的第三个豹子项目以庞大的克鲁格国家公园为中心。大克鲁格豹子保护科学项目（The Greater Kruger Leopard Conservation Science Project）由非洲自然基金会在这个国家公园建立，目的是研究其豹子种群，它们与其他大型食肉动物的竞争，以及它们与当地人的互动关系。

东北豹生活在豹子全球分布区的最北端，是所有亚种中最罕见的，作为野生动物，它们处于彻底灭绝的边缘。这种披着一身浓密华丽皮毛的豹子适应了寒冷的气候，一度栖息在从中国北部到俄国东部部分地区的广阔区域，但如今仅设法保持了俄国东南端滨海边疆区（Primorsky Krai）的一小块儿地区。在这里，它沦落为一个岌岌可危的野生小种群，数量不超过 35 头。盗猎、每年春季故意点燃的森林大火，再加上它们赖以生存的鹿遭到猎人猎杀，这三个因素联合起来，导致它处于一种怪异的窘境：如今，动物园里的东北豹数量至少是其野外种群的三倍。现在，一些机构联合起来，试图在符拉迪沃斯托克以北一处远离人类的地方，建立一个禁猎保护区，然后把一些在动物园里繁殖的豹子放归野外，建立起

罕见的东北豹。

一个新的野生种群。这个被选中的实验区过去是野生东北豹的领地之一，因此是其自然栖息地。伦敦动物园和莫斯科动物园为达成这个目标而通力合作，但却面临重重困难，其中尤其值得一提的，是出于善意而将其他人工繁殖的动物物种重新引入野外时遭遇的那种反复挫败。野生动物的幼崽在设法活到成年的过程中，学会了那么多有关其生存环境的知识，因此，面对众多威胁，它们有备无患，往往能幸免于难。就像城市里的孩子拥有街头智慧一样，它们也拥有丛林智慧。可是，对于一只在动物园里繁殖的豹子幼崽，不管我们用多么体贴周到的方式养育它，在放归野外后，即便对该物种来说那是完全自然的栖息地，它也总是处于劣势。因此，这个挽救东北豹的大胆尝试能否获得成功，我们还要拭目以待。

最后，全世界现在还有多少豹子仍然活着呢？经过估算，有一个报告给出了下列最高数据：

非洲豹	25 000 只
亚洲豹	1 290 只
斯里兰卡豹	950 只
爪哇豹	250 只
阿拉伯豹	250 只
东北豹	35 只
豹子总数	27 775 只

这些数据看起来颇有说服力，直到你读到另一篇报告给出 100 000 只的总数。不过，还有一个权威人物给出了高达

262 000 的总数。这些数据之间的差距如此之大，人们对此的自然反应是对它们全都不予采信。考虑到豹子神出鬼没的天性，这种不信任或许也情有可原。如今，要准确统计现存野生豹子的数量，几乎是不可能的。

大事年表

260万年—530万年前

上新世的古代豹子已出现，其化石可在英国、法国和意大利找到。

470 000—825 000年前

现代豹子在非洲演化形成。

170 000—300 000年前

现代豹子扩散到亚洲各地。

23 000年前

已知最古老的豹子形象出现，可在法国的肖维岩洞找到。

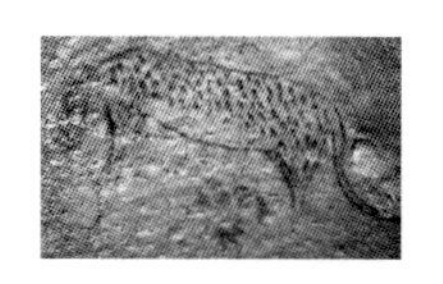

1225—1250年

在标号为“牛津大学764号藏品”（Bodleian 764）的中世纪寓言集里，作者说豹子象征着“充满罪恶的恶魔或点缀着罪行的罪人”。

1616年

鲁本斯在其绘画《猎杀老虎、狮子和豹子》中描绘了杀死一只豹子的暴力场面。

1820年

爱德华·希克斯创作出拥有62个版本的绘画《和平王国》中的第一幅，描绘几头友善的豹子与羔羊一起躺在地上。

1828年

伦敦动物园获得第一头豹子。截至1924年，一共有38头豹子在这家动物园出生。

1935年

埃德加·赖斯·伯勒斯的书《泰山与豹人》出版，使得非洲的这种恐怖邪教受到广泛关注。

1938年

霍华德·霍克斯拍摄了他那部经典喜剧《育婴奇谭》，讲述了一头驯养豹子的故事，由加里·格兰特和凯瑟琳·赫本主演。

1948年

部落邪教豹人的恐怖统治终于结束。

20世纪60年代

为了给时装业提供豹皮服装，每年有超过25 000头豹子遭到杀戮。

1972年

美国禁止任何豹子和豹子制品的贸易，预示着豹皮大衣的时尚即将崩溃。

公元前6000年前

在今土耳其境内的古城加泰土丘出现一对豹子的灰泥浮雕。

公元前1500年

在一座古埃及坟墓内的绘画中，描绘了一头戴着项圈和牵引绳的驯养豹子。

公元80—523年

为了娱乐古罗马民众，无数的豹子在竞技场内惨遭屠戮，包括罗马大竞技场开业庆典中被杀死的410头豹子。

公元9世纪

出现装饰着青铜豹子雕塑的海螺状容器，来自西非的伊格博—尤克乌地区。

1839年

在欣赏了伊萨克·凡·安贝格的表演后，维多利亚女王委托埃德温·兰西尔为他和他那些经过训练的豹子画一幅肖像。

1897年

英军从西非的贝宁城劫掠了一对象牙雕的豹子并献给维多利亚女王。

1909年

豹子被东非的英国殖民政府归入害兽一类，因为它攻击牲畜。政府准许民间不限量地猎杀豹子。

1926年

吉姆·科贝特射杀了鲁德拉普拉耶格的食人豹。

1982年

美国运动狩猎游说团体获准进出口来自非洲撒哈拉以南地区的豹子战利品，不过商业性的豹子贸易仍然受禁。

2000年

豹子保护项目在南非建立，其总部位于约翰内斯堡。

2001年

非洲批准运动狩猎行业射杀并出口的豹子年度配额为2 340头，不过该行业实际射杀的只有741头。

2011年

一头豹子在西孟加拉邦攻击一名林业部公务员的过程被影片记录下来，这是近来印度发生的多起豹子侵入人类居住区的案例之一。

附录一　豹子分类学

中文俗名：豹

学名：*Panthera pardus* (Linnaeus, 1758)

豹的几个亚种

下面列出了IUCN承认的9个亚种的豹，以及它们的地理分布区。

African leopard *P. p. pardus*（Linnaeus, 1758）非洲豹 非洲撒哈拉以南地区

Indian leopard *P. p. fusca*（Meyer, 1794）印度豹 印度次大陆

Javan leopard *P. p. melas*（Cuvier, 1809）爪哇豹 印尼爪哇岛

Arabian leopard *P. p. nimr*（Hemprich and Ehrenberg, 1833）阿拉伯豹 阿拉伯半岛

Amur leopard *P. p. orientalis*（Schlegel, 1857）东北豹 俄国远东地区，朝鲜半岛及中国东北

North Chinese leopard *P. p. japonensis*（Gray, 1862）华北豹 中国北方

Caucasian leopard *P. p. ciscaucasica*（Satunin, 1914）高加索豹 中亚的高加索、土耳其和伊朗北部【后来被描述为Persian leopard *P. p. saxicolor*（Pocock, 1927）波斯豹】

Indochinese leopard *P. p. delacouri*（Pocock, 1930）印度支那豹 东南亚大陆地区

Sri Lankan leopard *P. p. kotiya*（Deraniyagala, 1956）斯里兰卡豹 斯里兰卡

对豹子头骨特征所做的形态学分析说明，另外两个亚种的存在也是有根据的。

Anatolian leopard *P. p. tulliana*（Valenciennes, 1856）安纳托利亚豹 土耳其西部

Balochistan leopard *P. p. sindica*（Pocock, 1930）俾路支豹 巴基斯坦，可能也包括阿富汗和伊朗的部分地区

豹子杂交种

在圈养条件下，豹子跟其他猫科动物繁殖出如下杂交种。

豹狮（leopon：雄性豹子 x 雌性狮子）

狮豹（lipard：雄性狮子 x 雌性豹子）

美洲虎豹（jagupard：雄性美洲虎 x 雌性豹子）

美洲豹虎（leguar：雄性豹子 x 雌性美洲虎）

美洲狮豹（pumapard：雄性美洲狮 x 雌性豹子）（个头矮小）

附录二　其他豹子

本书讨论的是普通的豹子（*Panthera pardus*），但猫科动物中还有另外5个物种也以豹为名，它们不在本书详细讨论的范围内，不过每一种都值得做一个简短的介绍。它们包括：

雪　豹（Snow leopard，*Uncia uncia*）

雪豹生活在中亚寒冷的崎岖山区，跟其他大型猫科动物的区别在于它们不会咆哮。在喜马拉雅山、阿尔泰山、天山和喀喇昆仑山可以发现它们的踪影。跟普通豹子相比，雪豹的头部比较小，有一对圆圆的小耳朵，但它的脚很大，足掌

雪豹。

有毛，在冰天雪地中发挥了类似于雪地靴的保护作用。如今雪豹已经成为稀有动物，在野外仅存 6 000 头左右。

猎　豹（Hunting leopard，*Acinonyx jubatus*）

在殖民时代，这个物种在英文中被称为 Hunting leopard，因为它经常被驯养来用于狩猎。例如，在 16 世纪的印度，伟大的莫卧儿皇帝阿克巴在其 49 年的统治中，就曾拥有总数令人惊讶的 9 000 头猎豹，都受过训练。当他举行规模宏大的皇家狩猎时，这些猎豹被用来追赶瞪羚和印度黑羚。从那以后，为了避免与真正的豹子混淆，它的印地语名字 cheetah 就广为流传了。1781 年，第一份提到这个新俗名的出版物称它是“狩猎的豹子，或印度的 Chittah”。晚至 1899 年，cheetah 一词仍

猎豹。

王猎豹。

然指的是“印度猎豹的本地名称”，不过现在它已经成为全球通用的英文俗名。

猎豹一度被描述为一头希望成为猎狗的豹子。作为速度最快的陆生哺乳动物，它能够达到 101 千米的最高时速，有人声称它曾经设法达到 120 千米的时速。它流线型的细长身体适应了在开阔的平地上狩猎，在这里，它能够在一刻不停的全速短跑中追赶上猎物。就像一辆运动型汽车，它能在 5 秒钟之内把速度从 0 加速到 100 千米 / 小时。一旦赶上猎物，猎豹就会将其撞翻，然后一口咬住对方的脖子，使之窒息而死。与猫科动物中其他成员不同的是，它牺牲掉了可收缩的尖利爪子带来的特殊优势，脚掌上的这一改变使得它能够跑得稍微快一些。猎豹皮毛上的花纹也不同于豹子，它身上长着实心圆点，与它那位身体更重的亲戚的空心玫瑰花瓣状斑点形成鲜明对比。要弄清一些早期插图里描绘的具体物种，这一区别很有用处。

猎豹中有一种极端罕见的变种，叫“王猎豹”（King cheetah），它们拥有独特的皮毛花纹。少数记录下来的个体差不多全部来自非洲东南部地区。

20世纪初，全世界有超过100 000头猎豹，然而到20世纪末，这个数字已经降低到不足10 000头，它们曾经拥有的广阔领地也急剧减少。如今，除了在伊朗偏僻一隅幸存下来的大约50~100头猎豹，其余的都只能在非洲找到。一度数量众多的印度猎豹，已经因为一心获取战利品的猎人，以及20世纪的其他人类干预，而彻底灭绝。最后的三头亚洲猎豹被苏古贾（Surguja）的土邦邦主在1947年射杀。

美洲豹（American leopard，*Panthera onca*）

就像猎豹一样，为了避免与真正的豹子混淆，英语里也用当地名jaguar称呼美洲豹（其英文俗名又叫American panther，中文俗名又叫美洲虎）。这一名称是葡萄牙语对其巴西名称的讹传，而后者又来自居住于海岸地区的图皮族（Tupi）语言，他们是一些食人部落，差不多已经被欧洲人灭绝。

乍一看，美洲豹跟豹子非常相似，不过它的身体更为健壮沉重，而且皮毛上的玫瑰花瓣形斑纹里还有一些黑点。就像所有大型猫科动物一样，它们的领地也因为人类干预而缩小。美国的最后一批美洲豹在20世纪60年代初消失，如今在北美洲已经灭绝。它们设法在中美洲的森林里以及南美洲的热带地区继续生存下去，不过，据估计，它在全世界的数量已经降至不足10 000头。

美洲豹。

美洲豹的生活方式与豹子相似。它的食物主要包括野猪类，以及一些大型啮齿动物，如水豚与河狸鼠。跟豹子不同，它还喜欢在水里捕猎，其菜单上也有水獭和各种鱼类。

在中南美洲原住民的神话中，美洲豹扮演了一个重要的角色。对阿兹特克人来说，它是一种具有神奇魔力的灵兽；而对玛雅人来说，它是阴间的一个神灵。

云　豹（Clouded leopard, *Neofelis nebulosa*）

生活在亚洲热带森林里的云豹是大型和小型猫科动物之间的过渡种类。它们跟真正的豹子并无密切关系，不过二者拥有一个相同的习性：喜欢把杀死后的猎物拖到树上。据说云豹是所有猫科动物中最善于爬树的，在树枝之间，它们那类似于杂技的攀缘技巧令人叹为观止。云豹能够用后腿勾住

云豹。

树枝，将身体倒挂在树上，能够在水平的树枝上倒挂着行走，还能够脑袋冲下，从垂直的树干上爬下来。在解剖学上，它们因为拥有特别长的犬齿而与众不同，正因为如此，云豹有时也被称为现代的剑齿虎（sabre-tooth）。它们皮毛上的斑点非常大，而且连成一片，构成一种类似于长颈鹿花纹的网状图案。

据估计，近年来全球的野生云豹数量已经降至不足 10 000 头。此外，据说目前在全世界的动物园里还有大约 200 头。它们美丽的皮毛导致它们在某些地区受到广泛的诱杀和猎杀。最近对缅甸 4 个市场所做的一项研究揭示，尽管这一物种在该国受到正式的保护，但那里却有至少 279 张云豹皮出现。单是缝制一件云豹皮大衣，就需要 25 张皮，虽然最近对动物皮毛服装的态度已经发生转变，但这种大衣在远东的部分地区仍很流行。

巽他云豹（Sunda clouded leopard，*Neofelis diardi*）

2006年，婆罗洲和苏门答腊岛上的巽他云豹作为一个单独的物种，从分布于亚洲大陆的云豹中分离出来。尽管已有证据证明这两个物种在基因上截然不同，它们各自的种群也已经分开了140万年，但它们的外表仍然非常相似。二者之间存在的若干明显差别之一在于，巽他云豹身上的椭圆形斑点比亚洲云豹更多。为了适应其原产地的生活，巽他云豹的后腿比前腿更长，不过，就像亚洲云豹一样，它在从树上爬下来时也能头部朝下。跟苏门答腊岛的种群相比，婆罗洲的巽他云豹在地面上活动的时间更长。据说这是因为苏门答腊岛上有更大的掠食动物与它们竞争。

如果婆罗洲和苏门答腊岛继续以目前的速度砍伐森林，巽他云豹将因此而在21世纪末灭绝。在过去的10年中，这里

巽他云豹，摘自威廉·贾丁（William Jardine）的《猫科动物自然史》（*The Natural History of the Felinae*），1837年出版于爱丁堡。

已经失去 10% 的低地森林，而这一趋势并无缓和迹象。当婆罗洲的当地人向你展示大片被砍倒的森林时，他们并不以之为耻，而是引以为豪。他们正在效仿他们尊敬的欧洲人过去对待他们国家的做法，并且把这视为进步而非亵渎。他们的野生猫科动物亟须帮助。

附录三　相关影视作品

1909 *Leopard Hunting in Abyssinia*, directed by Roberto Omegna (documentary).

1920 《豹女》（*The Leopard Woman*），Wesley Ruggles执导（默片），Louise Glaum主演。

1928 *The Leopard Lady*, directed by Rupert Julian(drama), starring Jacqueline Logan.

1938 《育婴奇谭》（*Bringing up Baby*），霍华德·霍克斯（Howard Hawks）执导（喜剧），加里·格兰特（Cary Grant）和凯瑟琳·赫本（Katharine Hepburn）主演。

1940 *Leopard Men of Africa*, directed by Allyn Butterfield(drama).

1942 *Cat People*, directed by Jacques Tourneur(drama), starring Simone Simon.

1943 《豹人》（*The Leopard Man*），Jacques Tourneur执导（正剧）。

1946 《泰山和豹女》（*Tarzan and the Leopard Woman*）,Kurt Neumann执导（正剧）, Johnny Weismuller主演。

1954 *Killer Leopard*, directed by Ford Beebe(drama), starring Johnny Sheffield.

1955 *The Leopard Men: Sheena, Queen of the Jungle*, directed by Stuart Gilmore(TV drama), starring Irish McCalla.

1958 *Killer Leopard*, directed by Joseph Sterling(TV drama), starring Rhodes Reason

1963 《豹》（*The Leopard*），卢奇诺·维斯康蒂（Luchino Visconti）执导（正剧），伯特·兰开斯特（Burt Lancaster）主演。

1966 *Leopard on the Loose*, directed by Paul Stanley(TV drama), starring Ron Ely.

1966 *Leopard of Madla George*, directed by Otto Lang(Daktari TV drama), starring Peter Brocco.

1972 *Chandar*, The Black Leopard of Ceylon, directed by Winston Hibler(drama), starring Joe Abeywickrama.

1974 *The Devil Leopard*, directed by Gary Nelson(TV drama), starring Diana Muldaur.

1975 *Leopards and Lions* (TV documentary).

1982 *Cat People*, directed by Paul Schrader(drama), starring Nastassja Kinski.

1995 "Night of the Leopard" (*Wildlife on One*, TV documentary).

1996 *Tarzan and the Leopard Queen*, directed by William Tannen(TV drama), starring Joe Lara.

1996 *Leopard: Prince of Stealth*, directed by Martin Kratt(TV documentary).

1997 *Leopard: Wildlife Special*, produced by Owen Newman(TV documentary), narrated by David Attenborough.

1997 *Tarzan and the Leopard Demon*, directed by Brian Yuzna(TV drama), starring Joe Lara.

2000 "Problem Leopard" (*Return to the Wild*, TV documentary).

2001 *The Leopard Hunters*, directed by Linda Bell(TV documentary), narrated by Sean Barrett.

2001 *Tarzan and the Leopard Men Rebellion*, directed by Victor Cook(TV drama), starring Diahann Carroll.

2001 *Leopards of Zanzibar*(TV documentary), narrated by Joe Morton.

2003 *Leopards of Yala*(nature series, TV documentary).

2004 *Indian Leopards: The Killing Field*, directed by Praveen Singh(TV documentary).

2005 *Leopard: Be the Creature*, directed by Martin Kratt(TV documentary).

2005 《印度食人豹》(*The Man-Eating Leopard of Rudraprayag*), John Hay执导（电视剧）, Jason Flemyng主演。

2005 《寻找传说中的黑豹》(*In Search of a Legend – Black Leopard*), Graham Wallington执导（纪录片）, Kevin Richardson主演。

2006 *The Eye of the Leopard*, directed by Beverly and Dereck Joubert(TV documentary), narrated by Jeremy Irons.

2007 *Stalking Leopards*, directed by Eric Millot(TV documentary), narrated by Simon Barritt.

2008 *Leopard Attack*, directed by Steve Klayman(TV documentary), starring Scott Lope.

2009 *Man-eating Leopards*, directed by Matt Thompson(TV documentary), starring Austin Stevens.

2010 *Leopards*, directed by Richard Graveling(TV documentary), starring Ray Mears.

2010 *Revealing the Leopard*, directed by Nigel Cole(TV documentary), narrated by Jim Conrad.

2010 *Stalking the Leopard*(National Geographic TV documentary), narrated by Keith David.

2010 《神秘的豹》（*The Secret Leopards*），电视纪录片, Jonathan Scott解说。

注 释

第一章 古代的豹子

[1] Jean-Marie Chauvet et al., *Chauvet Cave, The Discovery of the World's Oldest Paintings*(London, 1996), p.34; Jean Clottes, *Return to Chauvet Cave. Excavating the Birthplace of Art: The First Full Report*(London, 2003), pp.77—79.

[2] James Mellaart, *Catal Huyuk*(London, 1967).

[3] Sonia Cole, in A. Houghton Broderick, ed., *Animals in Archaeology*(London, 1972).

[4] Arielle P. Kozloff, *Animals in Ancient Art*(Cleveland, oh, 1981).

[5] Patrick F. Houlihan, *The Animal World of the Pharaohs*(London, 1996).

[6] Jocelyn Toynbee, *Animals in Roman Life and Art*(London, 1973),pp.82—86.

第二章 部落时代的豹子

[1] Jessica Rawson, *Animals in Art*(London, 1977).

[2] Barbara Plankensteiner, *Visions of Africa — Benin*(Milan, 2010), p.114.

[3] Justin Cordwell, in William A. Fagaly, ed., *Ancestors of Congo Square: African Art in the New Orleans Museum of Art*(London, 2011).

[4] Jan Vansina, *Art History in Africa: An Introduction to Method*(London, 1984), p.63.

[5] Judith Gleason ed., *Leaf and Bone: African Praise Poems*(New York, 1994), p.129.

第三章 豹子邪教

[1] David Pratten, *The Man-Leopard Murders: History and Society in Colonial Nigeria*(Edinburgh, 2007).

[2] Edgar Rice Burroughs, *Tarzan and the Leopard Men*(Tarzana, ca, 1935).

第四章　猎杀豹子

[1] Theodore Roosevelt, *African Game Trails*(New York, 1910).

[2] Brian Herne, *White Hunters: The Golden Age of African Safaris*(New York, 1999).

[3] Eva Stuart-Watts, *Africa's Dome of Mystery*(London, 1930).

[4] Lou Hallamore and Bruce Woods, *chui! A Guide to Hunting the African Leopard*, 2nd edn(Agoura, ca, 2011).

[5] Guy Balme and Luke Hunter, "The Leopard: The World's Most Persecuted Big Cat", *Conservation in Action, Twelfth Vision Annual*, www.panthera.org, pp.88—94.

[6] Shuja Islam and Zohra Islam, *Hunting Dangerous Game with the Maharajas in the Indian Sub-Continent*(New Dehli, 2004).

[7] "Endangered Leopards Battling for Survival", *Times of India*(18 May 2010).

第五章　豹子袭击事件

[1] Charles Kimberlin Brain, *The Hunters or the Hunted*? (Chicago, 1981), fig.221; Simon J. M. Davis, *The Archaeology of Animals*(London, 1987), p.92; K. Zuberbühler and D. Jenny, "Leopard Predation and Primate Evolution", *Journal of Human Evolution*, xliii/6(2002), pp.873—886.

[2] 孟买自然史学会前会长J. C. Daniel (1927—2011)在其著作《印度豹子的自然史》（*The Leopard in India: A Natural History*；Dehradun, India, 2009）中描述了若干食人豹的故事。

[3] Jim Corbett, *The Man-eating Leopard of Rudraprayag*(Oxford, 1947).

[4] Ron Whitaker拍摄的电视纪录片《豹子——21世纪的猫科动物》（*"Leopards, 21st-century Cats"*），2013年5月17日在BBC2台作为《自然世界》（*Natural World*）特别节目播出。

[5] Maitland Edey, *The Cats of Africa* (New York, 1968), p.96.

第八章　美术中的豹子

[1] T. H. White, *The Book of Beasts* (London, 1954), p.14.这是收藏于剑桥大学图书馆的一本12世纪动物寓言集（编号ii.4.26）的译本。

[2] Ibid,　p.17.

[3] Pliny the Elder, *Natural History*, Book 8, 23 (1st century ad).

[4] Ann Payne, *Medieval Beasts* (London, 1990).

[5] Sotheby's New York, 22 May 2008, Lot 60. Edward Hicks *The Peaceable Kingdom with the Leopard of Serenity*, 1846—1848, sold for $9,673,000.

第九章　马戏团的豹子

[1] Cicero, *Letters to Friends*, trans. D. R. Shackleton Bailey(Cambridge, ma, 2001).

[2] Michèle Blanchard-Lemée, Mongi Ennaïer, Hédi Slim and Latifa Slim, *Mosaics of Roman Africa*(London, 1996).

[3] Johann Georg Graevius, *Thesaurus antiquitatum Romanorum* (1694—1699).

第十章　驯养的豹子

[1] Michaela Denis, *Leopard in my Lap*(London, 1955).

[2] Arjan Singh, *Prince of Cats*(London, 1982).

[3] Sylvie Robert, *Tippi: My Book of Africa*(Capetown, 2005).

第十一章　野生豹子

[1] Edward Topsell, *The History of Four-footed Beasts*(London, 1658), pp.447—455.

[2] Andrew Kitchener, *The Natural History of the Wild Cats*(London, 1991), p.210.

[3] Sriyanie Miththapala, "How to tell a Leopard by its Spots", in *Great Cats*, ed. John Seidenstucker and Susan Lumpkin(London, 1991), p.112.

参考文献

Adamson, Joy, *Queen of Shaba: The Story of an African Leopard*(London, 1980).

Alderton, David, *Wild Cats of the World*(London, 1993).

Aldrovandi, Ulyssis, *Opera omnia, de quadrupedibus digitatis*(Bologna, 1645).

Badino, Guido, *Big Cats of the World*(London, 1975).

Bailey, Theodore, *The African Leopard*(New York, 1993).

Barber, Richard, *Bestiary*(Woodbridge, 1993).

Beatty, Kenneth James, *Human Leopards*(London, 1915).

Benton, Janetta Rebold, *The Medieval Menagerie*(New York, 1992).

Bindloss, Harold, *The League of the Leopard*(London, 1904).

Broderick, A. Houghton, *Animals in Archaeology*(London, 1972).

Burroughs, Edgar Rice, *Tarzan and the Leopard Men*(Tarzana, ca, 1935) (novel).

Chauvet, Jean-Marie et al., *Chauvet Cave: The Discovery of the World's Oldest Paintings*(London, 1996).

Clottes, Jean, *Return to Chauvet Cave. Excavating the Birthplace of Art: The First Full Report*(London, 2003).

Corbett, Jim, *The Man-eating Leopard of Rudraprayag*(Oxford, 1947).

Court, Alfred, *My Life with the Big Cats*(New York, 1955).

Daniel, J. C., *The Leopard in India: A Natural History*(Dehradun, India, 2009).

Denis, Armand, *Cats of the World*(London, 1964).

Denis, Michaela, *Leopard in my Lap*(London, 1955).

Dixon, Franklin W., *The Search for the Snow Leopard*(London, 1996).

Edey, Maitland A., *The Cats of Africa*(New York, 1968).

Gaunt, Mary, *The Arms of the Leopard*(London, 1923) (novel).

Gesner, Konrad, *Historia Animalaia, Icones Animalium Quadrupedum*(Zurich, 1560).

Green, Richard, *Wild Cat Species of the World*(Plymouth, 1991).

Guggisberg, C.A.W., *Wild Cats of the World*(London, 1975).

Guillot, René, *Michel Fodai and the Leopard-Men, trans Joan Selby-Lowndes*(London, 1969)(novel).

Herne, Brian, *White Hunters: The Golden Age of African Safaris*(New York, 1999).

Houlihan, Patrick F., *The Animal World of the Pharaohs*(London, 1996).

Islam, Shuja and Zohra Islam, *Hunting Dangerous Game with the Maharajas in the Indian Sub-Continent*(New Dehli, 2004).

Jennison, George, *Animals for Show and Pleasure in Ancient Rome* (Manchester, 1937).

Jonstonnus, Johannes, *Historiae Naturalis*(Amsterdam, 1657) .

Jordan, Bill, *Leopard: Habits, Life Cycle, Food Chain, Threats*(Orlando, 2001).

Kennerley, Juba, *The Terror of the Leopard Men*(New York, 1951).

Kitchener, Andrew, *The Natural History of the Wild Cats*(London, 1991).

Kozloff, Arielle P., *Animals in Ancient Art*(Cleveland, oh, 1981).

Lampedusa, Guiseppi Tomasi di, *The Leopard*(London, 1960).

Leiris, Michel and Jacqueline Delange, *African Art*(London, 1968).

Lindskog, Birger, *African Leopard Men*(Uppsala, 1954).

Lloyd, Joan Barclay, *African Animals in Renaissance Literature and Art*(Oxford, 1971).

Matthessen, Peter, *The Snow Leopard*(London, 1989).

May, Earl Chapin, *The Circus from Rome to Ringling*(New York, 1932).

Mellaart, James, *Catal Huyuk*(London, 1967).

Payne, Ann, *Medieval Beasts*(London, 1990).

Perry, Richard, *The World of the Jaguar*(Newton Abbot, 1970).

Pratten, David, *The Man-Leopard Murders: History and Society in Colonial Nigeria*(Edinburgh, 2007).

Rabinowitz, Alan, *Jaguar*(London, 1987).

Rawson, Jessica, *Animals in Art*(London, 1977).

Robert, Sylvie, Tippi: *My Book of Africa*(Capetown, 2005).

Roosevelt, Theodore, *African Game Trails*(New York, 1910).

Schaller, George, *Golden Shadows, Flying Hooves*(London, 1974).

Scott, Jonathan, *The Leopard's Tale*(London, 1985).

Scott, Jonathan and Angela Scott, *Big Cat Diary: Leopard*(London, 2003).

Seidenstucker, John and Susan Lumpkin, eds, *Great Cats*(London, 1991).

Shaw, James, *The Leopard Men*(London, 1953) (novel).

Singh, Arjan, *Prince of Cats*(London, 1982).

Topsell, Edward, *The History of Four-footed Beasts and Serpents*(London, 1658).

Toynbee, Jocelyn, *Animals in Roman Life and Art*(London, 1973).

Turnbull-Kemp, Peter, *The Leopard*(Cape Town, 1967).

Van Riel, Fransje, *My Life with Leopards*(Johannesburg, 2012).

West, Paul, *The Snow Leopard*(New York, 1965).

White, Stewart Edward, *The Leopard Woman*(London, 1915) (novel).

White, T. H., *The Book of Beasts*(London, 1954).